典型煤气化装置腐蚀防护技术问答

夏康哲　倪　锋　李俊权　著

中国石化出版社
·北 京·

内容提要

本书以问答的形式，从金属材料、典型腐蚀机理、基于风险的检验等维度，系统阐述了德士古气化、多喷嘴气化、壳牌气化及航天气化等四种气化工艺的流程、原理及相应的选材方案、工艺防腐方案、腐蚀监/检测方案，旨在提升煤气化装置腐蚀管理水平，并着力推动煤化工腐蚀防护体系的搭建。

本书可作为煤气化生产技术管理及运行操作人员的参考资料。

图书在版编目(CIP)数据

典型煤气化装置腐蚀防护技术问答 / 夏康哲，倪锋，李俊权著. --北京：中国石化出版社，2025. 8.

ISBN 978-7-5114-8083-5

Ⅰ. TQ545-44

中国国家版本馆 CIP 数据核字第 20259C6M60 号

中国石化出版社出版发行

地址：北京市东城区安定门外大街 58 号

邮编：100011　电话：(010)57512500

发行部电话：(010)57512575

http://www.sinopec-press.com

E-mail:press@sinopec.com

北京艾普海德印刷有限公司印刷

全国各地新华书店经销

*

710 毫米×1000 毫米　16 开本　8 印张　132 千字

2025 年 8 月第 1 版　2025 年 8 月第 1 次印刷

定价：56.00 元

前　言

我国大量的煤炭生产和消费有力地支持了国民经济的高速发展，煤炭气化技术是煤化工行业的龙头技术，在煤化工行业占有重要地位。煤气化是指煤与气化剂在高温下发生化学反应，将煤中有机物转变为煤气（组分以氢气、一氧化碳为主）的过程。煤气化技术对于提高能源利用效率、减少环境污染、拓宽煤炭利用途径等方面都具有重要意义。

为贯彻落实党的二十大报告中提出的“深入推进能源革命，加强煤炭清洁高效利用”的要求，本书以当下主要应用的煤气化生产技术腐蚀情况及防腐策略为主线进行编写。全书以现阶段应用较为广泛的煤气化生产技术为依据，结合实际生产过程中的腐蚀经验及案例，旨在对煤气化生产装置提出有针对性的腐蚀防护方案。

本书内容主要包括德士古（Texaco）水煤浆气化技术、多喷嘴水煤浆气化技术、壳牌（Shell）粉煤加压气化技术、航天（HT – L）粉煤加压气化技术四种煤气化生产技术，由工艺原理、工艺流程、腐蚀案例、腐蚀回路、防腐方案等部分组成，用于推进煤化工装置防腐蚀工作能力的全面提升，适用于煤气化生产装置腐蚀技术管理和操作人员。

本书参考借鉴并选用了大量腐蚀研究、案例、方案等专业资料，在此对相关资料作者致以诚挚的敬意。同时，特别鸣谢中煤陕西榆林能源化工有限公司、内蒙古中煤远兴能源化工有限公司、中天合创能源有限责任公司、内蒙古荣信化工有限公司、大唐内蒙古多伦煤化工有限责任公司、宁夏宝丰能源集团股份有限公司在本书编写过程中给予的技术支持。

由于编者水平及阅历有限，书中难免有不妥之处，恳请各位专家、读者海涵，并不吝赐教，在此深表感谢！

目　录

1 工艺过程概述

1-1 煤化工生产技术通常有哪些？

煤化工是以煤为原料，利用化学反应将其加工成气体、固体和液体燃料及化学产品的过程。煤化工过程主要包括煤的干馏、气化、液化，以及焦油加工和电石乙炔化工等。煤化工技术是在煤炭加工与利用过程中采用的技术的总称。

煤干馏指煤在隔绝空气条件下加热、分解，生成焦炭、煤焦油、粗苯、煤气等产物的过程，煤的干馏属于化学变化。按加热终温的不同，可分为三种形式：900～1100℃为高温干馏，即焦化；700～900℃为中温干馏；500～600℃为低温干馏。

煤气化是煤和煤焦与气化剂在高温下发生的化学反应，是将煤或煤焦中的有机物转变为煤气的过程。煤气化技术是煤炭作为燃料和化工原料利用方式转变，实现煤炭高效洁净利用的关键技术。

煤液化是通过化学加工过程，使煤转化成液体燃料、化工原料和产品的先进洁净煤技术。煤液化能够解决石油资源逐渐枯竭和石油供给紧张的问题，也是生产有用的液体产品的基本可行技术之一。按照加工途径的不同，分为直接液化和间接液化。[1]

1-2 煤气化技术是如何分类的？

煤气化的分类方法有很多，比如可以按煤气热值分类、按气化过程供热方式分类、按气化剂类型分类、按去热方式分类等，但工业上最为常见的分类方法是以气化反应类型进行分类。气体通过固体床层速度的不同使床层出现不同的状态，根据床层状态的不同分为固定(移动)床气化、流化(沸腾)床气化、气流床气化、熔融床气化。

当气体流速较低时，流动气体的上升力不致使固体颗粒的相对位置发生变化，即固体颗粒处于相对固定状态，床层高度也基本保持不变，这时的床层称为固定床。另外，从宏观角度看，由于煤从炉顶加入，含有残炭的炉渣自炉底排出，气化过程中煤粒在气化炉内缓慢地往下移动，因而又称为移动床。

随着气体流速的增加，固体颗粒全部浮动起来，出现不规则的运动，当固体颗粒向上运动的静速度为零时，床层的状态称为流化床。

进一步提高气体流速超过某值时，颗粒已不能继续停留在容器中，当颗粒在气体中的沉降速度等于气体流速时，随气流的运动，未反应的气化剂、热解挥发物及燃烧产物裹挟着煤焦粒子高速运动，固体颗粒的分散流动与气体质点流动类似，因此把此时床层的状态称为气流床。[2]

1-3 什么是固定床气化技术?

固定床气化也称移动床气化。固定床一般以碎煤或煤焦为原料，入炉煤粒度为6～50mm。煤由炉顶加入，气化剂由炉底加入，含有残炭的灰渣自炉底排出，煤和灰渣与气化剂逆向流动。固定床气化具有操作简单易控的特点。同时，由于气化剂与煤逆流接触，气化过程进行得比较完全，故还具有较高的热效率等特点。

典型的固定床气化工艺有 UGI 气化、鲁奇(Lurgi)气化、BGL 气化等。

1-4 什么是流化床气化技术?

流化床气化又称为沸腾床气化，以粒度为3～5mm 的小颗粒煤作为气化反应的原料。这些细颗粒在自下而上的气化剂作用下保持连续不断和无秩序的沸腾及悬浮状态运动，迅速进行混合和热交换，其结果是整个床层温度和组成均一。流化床气化具有生产能力大、燃料适应性广、以小颗粒煤为原料等特点。

典型的流化床气化工艺有常压温克勒(Winkler)气化、高温温克勒(HTW)气化、U-gas 气化、ICC 气化等。

1-5 什么是气流床气化技术?

气流床气化是利用射流卷吸原理，将原料煤与气化剂通过喷嘴高速喷入气化炉内，射流引起卷吸并产生高度湍流，强化混合燃烧和气化反应生成粗煤气的过程。反应所产生的煤气和熔渣在接近炉温的条件下排出，煤气中不含焦油等物质。气流床技术不仅能够提高煤炭的利用效率，减少“三废”（一般指工业污染源产生的废水、废气和固体废弃物）的排放，而且更加适用于大型化生产，因此具有很强的应用优势。根据进料时原料煤的形态不同，气流床气化技术可分为水煤浆气化技术和干煤粉气化技术两类。[3]

水煤浆气化是以水煤浆形式加料，利用喷嘴、气化剂高速喷出与料浆并流混合雾化，在气化炉内进行火焰型非催化部分氧化反应的工艺过程。而干煤粉气化技术是由气化剂将粉煤夹带入炉的生产工艺，煤与气化剂并流加入。煤粉气化技术采用水冷壁对气化炉炉壁进行隔热和保护，一方面水冷壁内侧覆盖一层抗高温材料碳化硅，起到保护作用；另一方面利用水冷壁可以实现与气化炉的热交换，副产蒸汽，减少热量的浪费。

气流床对煤种、粒度、含硫、含灰都具有较大的兼容性，其清洁、高效代表着当今气化技术发展潮流。本书选取目前行业内应用最为广泛的气流床气化工艺进行描述，下文中提到的气化工艺，如无特殊说明，均指气流床气化工艺。

典型的气流床气化工艺有德士古（Texaco）气化、多喷嘴对置式气化、壳牌（Shell）气化、航天炉（HT－L）气化等。

1－6 什么是熔融床气化技术？

熔融床气化技术是将粉煤和气化剂以切线方向高速喷入一温度较高且高度稳定的熔池内，把一部分动能传给熔渣，使池内熔融物做螺旋状的旋转运动并气化的技术。

1－7 煤气化过程的主要化学反应有哪些？

煤气化是多相反应过程，气化后的煤气主要有 CO、H_2、CH_4，是煤化工的重要合成气原料，气化过程的一次反应主要为：

$$C + O_2 \longrightarrow CO_2$$

$$C + H_2O \longrightarrow CO + H_2$$

$$C + O_2 \longrightarrow CO$$

$$C + H_2 \longrightarrow CH_4$$

$$H_2 + O_2 \longrightarrow H_2O$$

根据以上反应，煤气化过程可以表述为：

$$煤 \xrightarrow{高温、加压、气化剂} CO + CO_2 + H_2 + CH_4 + H_2O$$

1-8 什么是灰分，灰分含量对气化过程有何影响？

灰分是指煤在一定条件下完全燃烧后剩余的残渣，灰分反映的是煤中矿物含量的大小。煤中灰分高不仅增加运输费用、降低气化效率、增加炉渣排放量，而且灰分中的硫酸盐、硫化物、磷酸盐等杂质还会在气化过程中转化为腐蚀产物，对装置的长周期运行产生影响。

1-9 什么是挥发分，挥发分含量对气化过程有何影响？

挥发分是指煤在一定条件下隔绝空气加热气化，从分解出的气态物质中减去水分后的份额。煤的挥发分是煤转化与燃烧可以利用的部分，是煤质分类的重要指标。挥发分高的煤易燃且燃烧平稳，挥发分越高，热值就越高，煤的活性越好，灰熔点越低。

1-10 什么是灰熔点，灰熔点对气化过程有何影响？

灰熔点是指灰分熔融时的温度，灰熔点有两方面含义：一是气化炉正常操作时，不致使灰分熔融而影响正常生产的最高温度；二是采用液态排渣的气化炉所必须超过的最低温度。灰熔点的大小与灰分的组成有关，灰分中 SiO_2 和 Al_2O_3 的比例越大，其熔融温度越高，而 Fe_2O_3 和 MgO 等碱性成分的比例越高，则熔融温度越低。

1-11 水分含量对气化过程有何影响？

加压气化炉炉身较高，有较高的干燥层，允许进炉煤的水含量高。适量水分对加压气化是有好处的，水分高的煤，往往挥发分也高，不同炉型对气化用煤水含量要求不同，对固定床来说，气化炉顶部温度必须高于煤气的露点温度，避免液态水出现。另外，当煤中水分含量太高而加热的速度又太快时，煤中水分逸出太快，容易使煤块碎裂而引起出炉煤气的含尘量增高。同时由于煤气中水含量升高，在后续工段的煤气冷却过程中会产生大量的废液，增加废水处理量。因此一般生产中需要控制煤中水分含量在8% ~10%。采用流化床和气流床气化时，固体颗粒粉碎的粒度很小，过高的含水量会降低颗粒的流动性，因而规定煤的含水量小于5%。尤其对烟煤的气流床气化法，采用干法加料时，要求原料煤的水分含量应小于2%。

1－12 常见的原料煤破碎设备有哪些？

常见的碎煤设备有颚式破碎机、辊式破碎机、锤式及反击式破碎机、盘磨机、球磨机和棒磨机等。

1－13 德士古气化工艺过程是怎样进行的？

德士古气化又称GE气化技术，是一种比较基础的气流床气化技术，其特点是气化技术相对比较成熟、生产稳定、环境友好、应用范围比较广泛。

原料煤送入磨煤机进行高效率研磨，研磨合格的细浆在出料槽内与水充分混合后送至煤浆槽。由煤浆给料泵加压送至工艺烧嘴与氧气充分混合雾化后进入气化炉燃烧室内，在大约6.5MPa、1350℃条件下进行气化反应，生成以CO和H_2为主要成分的粗合成气。

粗合成气进入激冷室冷却后，沿上升管上行逸出气化炉送入文丘里洗涤器，在这里与激冷水混合后送至洗涤塔。在洗涤塔内粗合成气与变换冷凝液泵送来的高温高压变换冷凝液进行逆向接触，洗涤掉固体颗粒，粗合成气从洗涤塔顶部离开进入下游装置。洗涤塔底部黑水排入高压闪蒸罐处理。激冷水泵从洗涤塔黑水排放管上部抽取黑水加压作为激冷水和文丘里洗涤器的洗涤水。激冷室底部粗渣进入锁斗，从灰水槽来的灰水加压后送入锁斗冲洗水罐作为锁斗排渣时的冲洗水。锁斗排出的渣水排入渣池，较澄清的水由渣池泵送至真空闪蒸罐对黑水进行处理，剩余废渣外送。

来自气化炉激冷室和洗涤塔的黑水分别经减压阀进入高压闪蒸罐闪蒸后，一小部分水被闪蒸为蒸汽，溶解在黑水中的大部分合成气被解吸出来，同时黑水被浓缩，温度降低。从高压闪蒸罐顶部出来的闪蒸气进入高压闪蒸分离器，分离出的闪蒸气及不凝气送至酸性气处理装置，冷凝液送入除氧器回收利用。高压闪蒸罐底部出来的黑水进入低压闪蒸罐闪蒸后，一部分水被闪蒸为蒸汽，少量溶解在黑水中的合成气解吸出来，同时黑水被进一步浓缩，温度进一步降低，产生的闪蒸气送至除氧器用于加热灰水除掉氧气。浓缩后的黑水送至真空闪蒸罐进一步闪蒸，闪蒸出的气相冷凝后进行分液，气相送至酸性气处理装置，液相送至除氧器回收。液相黑水在沉降槽中进行沉降，沉降槽上层的澄清水溢流至灰水槽循环利用，沉降槽底的高固含量的黑水外送去过滤处理。

除氧器利用低压闪蒸气或蒸汽加热解吸水中的溶解氧。若除氧器内含有酸性气的除氧蒸汽，需送至酸性气处理装置做进一步处理。除氧器中的灰水经加热后送往洗涤塔。洗涤塔给水泵出口有两部分出水：一部分水送至锁斗系统用于锁斗加压；一部分送入激冷室用于平衡激冷室液位。另外为了加速沉降槽中固体颗粒的沉降，需在真空闪蒸罐至沉降槽进料线中加入絮凝剂。为防止管道及设备结垢，需在高、低压灰水系统中适当加入分散剂。

1－14 多喷嘴气化工艺过程是怎样进行的？

多喷嘴水煤浆加压气化技术是我国研发单位为了打破 GE 公司水煤浆加压气化的技术垄断而研发的气化技术，是 Texaco 工艺的改造版，其核心是将 Texaco 气化炉顶部燃烧改成四喷嘴侧向对称燃烧，同电站锅炉的燃烧器布置方式，也同 Shell 气化炉的燃烧器布置方式。

煤、磨煤水、添加剂按比例同时进入磨煤机内进行研磨后与高压氧气通过四个在同一水平面的工艺烧嘴对喷进入气化炉进行气化反应，生成的粗合成气、熔渣及未完全反应的碳，通过燃烧室下部的渣口与激冷水沿下降管并流向下，进入气化炉洗涤冷却室，粗合成气在洗涤冷却室的液位以下以鼓泡的形式进行洗涤和冷却，冷却后的气体进入洗涤冷却室的上部分离空间，经四层泡破条除去部分气体夹带的液体和固体颗粒后出气化炉。

出气化炉的粗合成气，在混合器中与黑水混合，使自身夹带的固体颗粒完全润湿后进入旋风分离器。气相中的大部分细灰进入液相，随黑水从旋风分离器排出。出旋风分离器的粗合成气进入水洗塔下部，粗合成气向上穿过塔板，与上部加入的变换冷凝液逆流接触，洗涤剩余的固体颗粒，同时伴随着粗合成气减湿、相变及灰水升温等过程。粗合成气在水洗塔顶部经过旋流板除去夹带在气体中的雾沫后送出界外。水洗塔下部含固量较低的洗涤黑水经加压后一路送入气化炉激冷环，另一路送入混合器作为润湿水。

熔渣在洗涤冷却室的水浴中被冷却固化，沉降到洗涤冷却室的底部，由静态破渣器破碎后被锁斗循环水夹带进入锁斗，为了便于渣的收集，从锁斗顶部引出一条管线将锁斗上部的黑水抽出加压后送至气化炉洗涤冷却室底部，使洗涤冷却室与锁斗之间建立向下的水流，在水流动的过程中将气化炉洗涤冷却室底部的渣带入锁斗。锁斗底部固体由排渣程序控制定期排入渣池。

从气化炉、旋风分离器、水洗塔出来的三股洗涤黑水经液位、流量调节控制并减压后送入蒸发热水塔蒸发室。减压后的黑水在蒸发热水塔蒸发室内发生闪蒸，水蒸气及部分溶解在黑水中的酸性气(CO_2、H_2S)等被迅速闪蒸出来并送出装置。塔底黑水进入低压闪蒸器继续闪蒸，闪蒸后的气体一路去脱氧槽做加热蒸汽，另一路经冷却后送入酸性气火炬总管。低压闪蒸器底部黑水送入真空闪蒸器，在负压状态下进行闪蒸，闪蒸后的气体进入抽真空系统。底部液体与絮凝剂混合后进入澄清槽，絮凝剂在澄清槽中使固体颗粒凝聚加速沉降，浓缩沉降后的固体滤饼被送出装置。澄清后的灰水溢流至灰水槽，一部分送到蒸发热水塔热水室，另一部分经冷却后作为冲洗水返回冲洗水罐。

1-15 壳牌气化工艺过程是怎样进行的?

壳牌煤气化工艺(Shell Coal Gasification Process，SCGP)，是由荷兰 Shell 国际石油公司开发的一种加压气流床粉煤气化技术。Shell 气化炉采用膜式水冷壁形式，主要由膜式水冷壁、中间环形空间和外侧高压容器外壳组成。膜式水冷壁向火侧敷有一层比较薄的耐火材料，一方面用于减少气化炉热量损失，另一方面可通过耐火层挂渣实现“以渣抗渣”效果，最终达到有效保护气化炉壁不被破坏的目的。环形空间位于高压容器外壳和膜式水冷壁之间，目的是容纳水、蒸汽的输入输出和集气管，同时环形空间有利于检查和维修设备。

粉煤与高压氧气一起通过水平对称布置的粉煤烧嘴喷入气化炉内，在4MPa、1500℃条件下进行部分氧化反应，生成以 $CO+H_2$ 为主的合成气并从顶部出气化炉。为更好地回收利用气化炉剩余热量，在气化炉外设置一台汽包机将锅炉水加热成蒸汽后外送蒸汽管网。反应中产生的渣以液态的形式沿气化炉壁向下流入渣池，高温渣流遇水后淬冷为固态颗粒，经破渣机将其中的大渣块破碎后送往渣场。渣池中的水经过冷却带走热量后一部分补入渣池，另一部分送入酸性灰浆汽提塔内脱除酸性气体。

合成气在气化炉出口被循环气压缩机送过来的合成气流激冷后分别经过激冷段、输气管、返混室支管、返混室、合成气冷却器进行冷却后，被送往飞灰过滤器，过滤后的合成气先后在文丘里洗涤器和洗涤塔内洗涤后，一部分作为激冷气返回气化炉，另一部分送往下游装置。飞灰滤器底部飞灰经汽提冷却置换后送往灰库。

洗涤塔的洗涤水通常采用变换冷凝液，洗涤塔底部的洗涤水经升压后一部分用于洗涤文丘里洗涤器和洗涤塔内的合成气，另一部分送至酸性灰浆汽提塔。酸性灰浆汽提塔底部采用低压蒸汽进行汽提，将灰浆中 H_2S、NH_3、CO_2和 HCN 等酸性气体脱除，塔顶酸性气体经冷却降温后送出装置，塔底灰渣经冷却后送出装置。

1-16 航天气化工艺过程是怎样进行的？

航天粉煤加压气化是由航天长征化学工程股份有限公司根据我国一次能源构成的特点，研发洁净高效、成本低廉的具有自主知识产权的煤气化技术。此技术可以实现煤炭资源的充分利用。气化炉设单一的顶置组合燃烧器，将开工烧嘴、工艺烧嘴设计成一体，气化炉燃烧室采用盘管水冷壁结构，其炉膛最高允许操作温度可达 1750℃。水冷壁外可以形成稳定的固渣层实现“以渣抗渣”的效果，抵抗气体和熔渣的冲刷和磨损，延长了材料的使用寿命，降低炉膛散热损失，从而使原料煤的热量最大限度地用于气化反应，生产有效气体。气化炉的结构集合了 Texaco 气化炉和 Shell 气化炉的特点，既布置了螺旋盘管式水冷壁，又在激冷室设置水浴对高温合成气体与熔渣进行降温。

在气化炉内粉煤与氧气充分混合并在高温高压下进行气化反应，生成主要成分为 H_2、CO、CO_2的粗合成气以及液态炉渣。这些物质离开反应室向下进入激冷室，经下降管进入激冷室水浴，炉渣在水中固化并沉到气化炉的底部。粗合成气通过与激冷室水浴的直接接触，将其中携带的大多数细颗粒洗涤进入水里，同时粗合成气也被水冷却、饱和。激冷室中的激冷水含有少量的固体，在液位控制下连续排出送到高压闪蒸罐进行闪蒸并对热量进行回收。在气化炉激冷室底部收集的粗渣被破渣机破碎，通过渣锁斗系统排至捞渣机。冷却后的粗合成气向上通过上升管离开气化炉经文丘里洗涤器、旋风分离器将大部分的灰分离后，带有少量细灰的粗煤气进入合成气洗涤塔洗涤后送至下游装置。

从气化炉激冷室、旋风分离器和洗涤塔底部来的黑水经减压后送入高压闪蒸罐进行闪蒸，闪蒸后顶部蒸汽进入汽提塔，与除氧水逆流换热后，冷凝的液相送到除氧器，不凝的酸性气送出装置。高压闪蒸罐底部的黑水经减压后送至低压闪蒸罐进一步闪蒸，低压闪蒸气进入除氧器进行热量再利用，分离后的黑水经减压后进入真空闪蒸罐再次闪蒸，闪蒸气体经冷凝后进入抽真空系统，真空闪蒸罐底部的液体和固体混合物重力自流进入沉降槽。

为了促进固体沉降，需向沉降槽中加入絮凝剂。在沉降槽底部沉降出的渣浆经过滤后送出装置。从沉降槽顶部溢流出来的水加入分散剂后自流进入灰水槽。灰水槽回收的灰水升压后一部分作为渣锁斗的冲洗水，一部分送入除氧器。除氧器的设置是为了避免在洗涤塔及气化炉激冷室发生氧腐蚀，各种水流在除氧器中，用低压蒸汽去除溶解的氧气。

1-17 四种气化工艺的共同点和差异性体现在哪些方面？

上述四种气化工艺均是成熟的技术路线，各有特点。从应用数量上看，德士古水煤浆气化工艺应用最为广泛，其次是多喷嘴水煤浆气化工艺。四种气化工艺的不同点主要集中在进料方式、气化炉(含烧嘴)结构、合成气初步净化处理方式、黑水闪蒸方式等几个方面。将四种气化工艺的对比列于表1-1中，由于进料系统仅涉及煤的冲刷腐蚀，腐蚀形式较为单一、明确，因此本书中不做过多论述。

表1-1 四种气化工艺对比

工艺名称	进料方式	烧嘴布置	冷却方式	气体净化方式	水处理方式
德士古气化	水煤浆	单个、顶置	激冷室水浴	洗涤	三级闪蒸
多喷嘴气化	水煤浆	多个、侧置	激冷室水浴	离心+洗涤	蒸发热水塔+两级闪蒸
壳牌气化	粉煤	多个、侧置	余热锅炉	过滤+洗涤	汽提
航天气化	粉煤	单个、顶置	激冷室水浴+余热锅炉	离心+洗涤	两级闪蒸

烧嘴的作用是将煤与氧气高效均匀混合并送入气化炉内进行气化反应。在煤炭冲刷和高温氧化的共同作用下，烧嘴损伤较为频繁。由于不设置激冷水浴，壳牌气化烧嘴对称布置于气化壳体下部，产生的气体自下而上流动，而其余三种工艺均设置激冷水浴，因此烧嘴均设置于顶部或上部。根据介质在烧嘴中混合位置的不同，将烧嘴分为预混式和预膜式，如图1-1所示。氧气与水煤浆进料分三层进入烧嘴，最内层与最外层分别为中心氧(占15%左右)、环氧(占85%左

右），中间层为水煤浆。煤与氧气共同喷出，在烧嘴外混合的为预膜式烧嘴，而预混式烧嘴是煤与氧气在烧嘴内部混合后喷出。与预膜式烧嘴相比，预混式烧嘴雾化效果好，但更易磨损。另外，为了避免烧嘴局部过热，延长烧嘴使用寿命，在烧嘴头部增设冷却水盘管或夹套进行冷却。

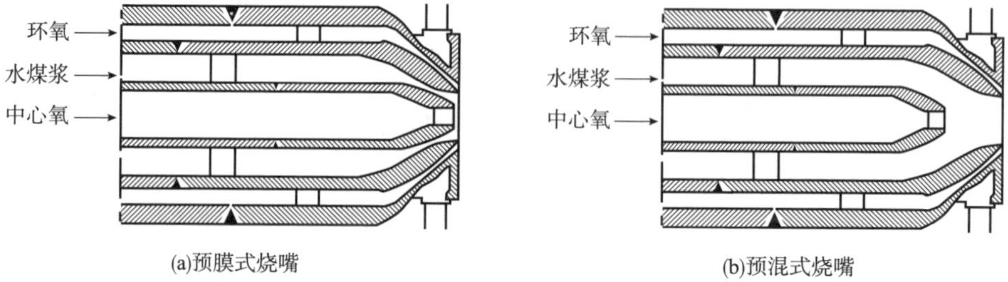

图 1－1　预膜式烧嘴与预混式烧嘴

四种气化炉结构对比如图 1－2 所示，在壳牌气化炉内，合成气自下而上先后通过气化反应器、激冷管、导管，进入合成气冷却器上部，合成气的余热通过汽包回收，副产蒸汽，冷却后的合成气从合成气冷却器下部流出。其余三种工艺均是合成气自上而下由燃烧室进入激冷室，在激冷室水浴内回收热量后鼓泡向上溢出，流出气化炉。而航天气化工艺在激冷水浴的基础上，在燃烧室也布置了水冷壁回收余热，即综合了壳牌和德士古两种合成气冷却技术的特点。

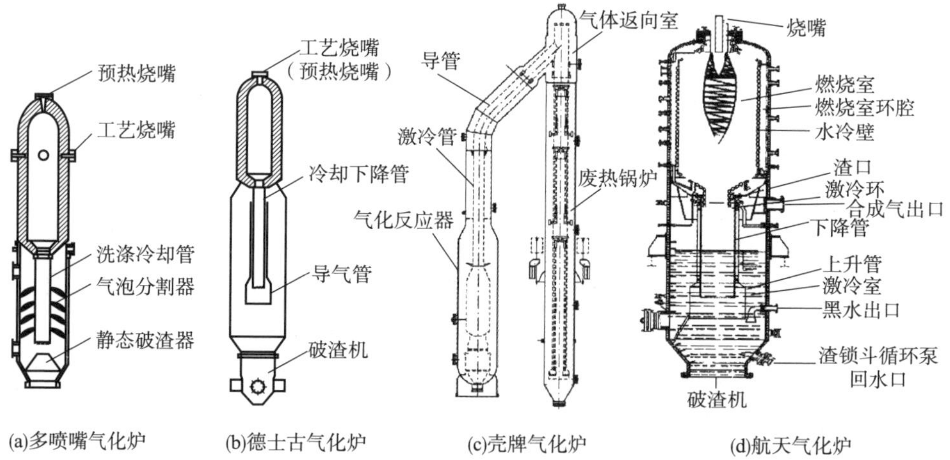

图 1－2　四种气化炉结构示意图

德士古气化工艺采用洗涤除尘法，合成气先后在文丘里洗涤器与洗涤塔内完成初步净化处理过程。多喷嘴气化工艺和航天气化工艺均采用离心力除尘与洗涤除尘相结合的方式，即合成气在进洗涤塔前先经旋风分离器分离固体颗粒。壳牌气化工艺由于没有采用激冷水浴的形式，导致出气化炉的合成气中固体含量较高，因此合成气先通过飞灰过滤器过滤掉气相中的大量固体颗粒，而后进入洗涤系统，过滤下来的固体经过飞灰收集系统收集后外送处理。

德士古气化工艺和航天气化工艺的水处理方式相似，均是采用黑水逐级闪蒸技术，将溶解于黑水中的酸性气体闪蒸出去。为了保证酸性气彻底分离，通常设置真空闪蒸系统，以便能够降低酸性气相沸点达到更好的分离效果。多喷嘴水煤浆气化工艺的水处理方式也是通过黑水的闪蒸，只是将高压闪蒸罐更换为了蒸发热水塔。蒸发热水塔将换热器与闪蒸罐合二为一，换热介质直接接触，其主要由热水室和蒸发室两部分组成。热水室设计为板式塔，洗涤蒸发室闪蒸出来的闪蒸气。蒸发室为空塔，黑水闪蒸后的闪蒸气通过升气管进入热水室，与进入热水室的水换热，回收热量。壳牌气化工艺是将酸浆和灰浆送至汽提塔，在塔底注入低压蒸汽进行汽提，将灰浆中的 H_2S、NH_3、CO_2和 HCN 等酸性气体脱除。

综上可知，德士古气化工艺、多喷嘴气化工艺、航天气化工艺均设置激冷水浴，在合成气初步净化处理、黑水处理的过程都较为相似，而壳牌气化工艺在合成气冷却方式、初步净化方式和水处理方式上与其他三者均有较大差异。

2

金属材料概述

2-1 铁碳合金是如何分类的？

含碳量少于0.02%的铁碳合金称为工业纯铁，含碳量为0.02%～2.06%的铁碳合金称为钢，含碳量为2.06%～6.67%的铁碳合金称为生铁或铸铁。

2-2 金属材料力学性能的指标通常有哪些？

金属材料的力学性能是指金属在外加载荷作用下或载荷与环境因素联合作用下所表现的行为，这种行为通常表现为金属的变形和断裂。常用的金属材料力学性能指标包括强度、塑性、硬度、韧性。

强度是表征金属材料在外力作用下抵抗永久变形和断裂的能力。

塑性是指金属材料在外力作用下产生永久变形而不被破坏的最大能力。

硬度是金属材料对局部塑性变形的抵抗能力。

韧性是金属材料在冲击载荷作用下抵抗破坏的能力。

2-3 金属材料物理性能的指标通常有哪些？

金属材料的物理性能指标包括密度、熔点、热膨胀性、磁性及电学性能。

2-4 钢中的硫、磷杂质对钢的性质有何影响？

硫是钢中的主要杂质之一，对钢的性能影响很大。在室温下，钢中硫一般不溶于铁而与铁化合生成低熔点(熔点约为1190℃)的化合物FeS，还会进一步与铁发生共晶反应，生成熔点更低的共晶体 FeS - Fe(熔点为 985℃)。共晶体分布在钢中晶粒间的界面上。由于钢材的热压力加工温度均高于此共晶温度，所以在锻造、轧制等加热过程中共晶体易发生熔化，削弱了晶界的强度，一经锻、轧就会沿晶界开裂。这种因含硫过高而引起的开裂现象称为硫的"热脆性"。

铸钢虽不锻造和轧制，但若含硫过高，在铸造应力的作用下也有可能发生热裂现象。硫还会与钢中杂质形成非金属夹杂而降低钢的强度和韧性。所以，常把硫看作钢中的有害杂质，应予以严格控制，从而保证质量。

磷也是钢中主要杂质之一，对钢的性能有较大的影响。磷在高温时溶解于铁中，而低温时则以 Fe_3P(硬脆化合物)的形式析出于晶界上，削弱了晶界的强度，降低了金属的塑性和韧性，而且温度越低，脆性越明显。这种在常温下出现的脆性称为"冷脆性"。冷脆给低温下使用的金属带来了很大的危害，容易发生低温下的脆断现象，也给冷变形加工带来了开裂的可能性。所以，磷也看作钢的有害杂质，炼钢时要严格控制其含量。

2-5 钢在常温下的基本结构有哪些?

钢在常温下的基本结构有：铁素体、渗碳体、珠光体、奥氏体、马氏体等。

铁素体(常用符号 F)是碳与合金元素溶解于 α - Fe 中形成的间隙固溶体，为体心立方晶格，含碳量低，因而具有良好的塑性和韧性，但是强度和硬度较低。

渗碳体(常用符号 Fe_3C)是一种铁碳化合物，为复杂的斜方晶格。渗碳体熔点、硬度高，脆性大，塑性与韧性很低。

珠光体(常用符号 P)是铁素体与渗碳体的机械混合物，呈现铁素体和渗碳体相间排列的片层状组织。珠光体强度较高，硬度适中并有一定塑性。

奥氏体(常用符号 A)是碳与合金原子溶于 γ - Fe 中形成的间隙固溶体，呈面心立方晶格。奥氏体变形抗力较低、塑性好，而强度和硬度高于铁素体。

马氏体(常用符号 M)是碳原子在 α - Fe 中的过饱和固溶体，使 α - Fe 的体心立方晶格畸变。马氏体硬度高、脆性大，韧性和塑性差。

2-6 什么是铁碳相图，铁碳相图有何作用?

合金相图是表示在合金系统中，合金状态与温度、成分之间关系的图解，是分析合金状态及其变化规律的有效工具。铁碳合金相图是铁 - 碳二元合金系统的相图，相图中的纵、横坐标分别表示温度和成分。

图 2－1 所示为铁碳合金相图。铁与碳可以形成 Fe_3C、Fe_2C、FeC 等一系列化合物，但碳含量很高的铁碳合金脆性大，没有实用价值，所以铁碳合金状态图只研究含碳量小于 6.67% 的部分，这部分铁碳合金系的组元是铁与渗碳体。Fe－Fe_3C 合金中基本相结构有：铁素体、奥氏体、渗碳体。[4]

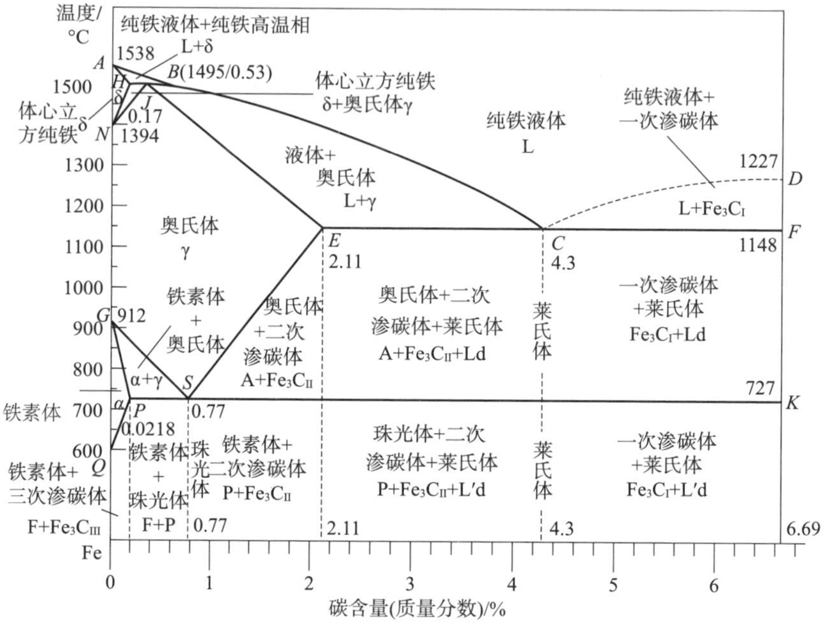

图 2－1　铁碳合金相图

图中 *ES* 线是碳在奥氏体中的饱和溶解线，在 1148℃ 时奥氏体中溶碳量达到最大值 2.11%；*PQ* 线是碳在奥氏体中的溶解度曲线；*GS* 线是碳含量小于 0.77% 的合金在冷却时奥氏体中开始析出铁素体的温度线，或者说是在加热时铁素体转变为奥氏体的终了线；*ACD* 线是液相线；*ECF* 线是共晶转变线，*C* 点为共晶点；*PSK* 线是共析转变线，*S* 为共析点，在 *PSK* 线以下，任何成分的合金中都没有奥氏体，均由铁素体和渗碳体组成。

2－7　典型铁碳合金结晶的过程是什么？

以碳含量 0.2% 的铁碳合金来说明结晶过程。高温下的液态金属随着温度降低开始结晶，到 1500℃ 左右开始析出 δ－Fe。当温度降到 1495℃ 以下时，液相和 δ－Fe 一起转变，生成奥氏体。当温度降到 860℃ 以下时，开始从奥氏体中析出铁素体，在缓慢冷却过程中，铁素体在奥氏体晶界上成核并长大。当温度降到727℃时，奥氏体碳含量为0.77%，此时合金组织为0.77A + F。温度稍低于727℃时，含碳量为0.77%的奥氏体全部进行共析转变为珠光体，共析后的组织为F + P。其后温度降至室温，组织不再变化。

碳含量为0.77%的合金只发生共析转变，其组织是100%珠光体，称为共析钢；碳含量大于0.77%的合金为过共析钢，组织为P + Fe_3C；碳含量小于0.77%的合金为亚共析钢，组织为F + P。

2-8 什么是碳素结构钢，常见的碳素结构钢有哪些？

碳素结构钢是碳素钢的一种，含碳量为0.05%～0.70%。碳素结构钢可分为普通碳素结构钢和优质碳素结构钢两类。碳素结构钢含杂质较多，价格低廉，用于对性能要求不高的地方。它的含碳量多数在0.30%以下，含锰量不超过0.80%，强度较低，但塑性、韧性、冷变形性能好。除少数情况外，一般不作热处理，直接使用。而优质碳素结构钢钢质纯净、杂质少、力学性能好，可经热处理后使用。常见的碳素结构钢牌号有Q235、10、20、20Mn等。

2-9 什么是低合金钢，常见的低合金钢有哪些？

低合金钢是一类在碳素钢基础上加入少量合金元素(总合金含量通常不超过5%)的钢铁材料。它通过合理配比合金元素(如锰、硅、钒、钛、铌、铬、镍等)，在保持较好塑性、韧性和焊接性的同时，显著提升强度。常见的低合金钢牌号有Q245、Q345、15CrMo、14Cr1Mo等。

2-10 什么是不锈钢，常见的不锈钢有哪些？

不锈钢是以不锈、耐蚀性为主要特性，且铬含量至少为10.5%，碳含量最大不超过1.2%的钢。不锈钢是不锈耐酸钢的简称，耐空气、蒸汽、水等弱腐蚀介质或具有不锈性的钢种称为不锈钢；而将耐化学腐蚀介质(酸、碱、盐等化学浸蚀)腐蚀的钢种称为耐酸钢。由于两者在化学成分上的差异而使它们的耐蚀性不同，普通不锈钢一般不耐化学介质腐蚀，而耐酸钢则一般具有不锈性。常见的不锈钢牌号有06Cr19Ni10、022Cr19Ni10、06Cr17Ni12Mo2、022Cr17Ni12Mo2等。

2-11 什么是耐蚀合金钢，常见的耐蚀合金钢有哪些？

耐蚀合金是指抗腐蚀的金属材料，耐蚀合金主要有铁基合金(耐腐蚀不锈钢)、镍基合金(Ni-Cr合金、Ni-Cr-Mo合金、Ni-Cu合金等)。常见的镍基耐蚀合金牌号有NS1101[N08800、Incoloy 800(因科镍合金800)]、NS3201(N10001、Hastelloy B)、NS6400[N04400、Monel 400(蒙乃尔400)]等。

3

典型腐蚀机理

3-1 什么是腐蚀，常见的腐蚀类型有哪些？

腐蚀是材料与环境发生化学反应导致性能下降的现象。

按腐蚀机理可分为化学腐蚀、电化学腐蚀和物理腐蚀。化学腐蚀是金属与环境中的介质发生化学反应而变质或遭受破坏，反应过程中不产生电流。电化学腐蚀是金属与环境介质形成腐蚀电池，金属作为阳极发生氧化，反应过程中产生电流。电化学腐蚀是最常见的腐蚀类型，尤其是在潮湿环境中。物理腐蚀是金属因单纯的物理溶解作用而遭受破坏，常见于高温熔盐或液态金属环境中。

按腐蚀形态可分为均匀腐蚀和局部腐蚀。均匀腐蚀，即金属表面均匀受损，腐蚀程度较为一致，通常表现为金属整体厚度减薄。局部腐蚀，即腐蚀集中在金属的特定区域，危害性更大。局部腐蚀主要包括点蚀、晶间腐蚀、缝隙腐蚀、应力腐蚀开裂等。

按腐蚀环境可分为高温腐蚀、湿腐蚀、土壤腐蚀、沉淀腐蚀、碱腐蚀、酸腐蚀、钒腐蚀、氧腐蚀、盐腐蚀、环烷酸腐蚀、氢腐蚀、硫化氢腐蚀、连多硫酸腐蚀、海水腐蚀、硫化氢－氯化氢－水型腐蚀、硫化氢－氢型腐蚀、硫化氢－氟化氢－水型腐蚀等。[5]

3-2 金属腐蚀速率通常受哪些因素影响？

影响金属腐蚀速率的因素可归纳为材料、介质、运行等三个方面。

材料因素包括成分、微观组织、热处理状态、表面处理状态、结构状态等。

介质因素包括组成、pH 值、介质状态等。

运行因素包括温度、压力、流速、相态等。

3-3 单独的普通钢材质构件为什么会发生腐蚀？

普通钢是铁碳合金，钢中含有 Fe_3C 和其他杂质，这样就形成了无数个微电池，其中铁为阳极，Fe_3C 为阴极，当与潮湿的空气接触时，就产生了引起钢铁腐蚀的电流。当微电池中存在盐类和氧气时，盐类增加了溶液的导电性，氧气则通过去极化作用降低阴极极化，两者共同加速了金属的腐蚀。[6]

3-4 控制金属腐蚀的方法有哪些？

工业上控制金属腐蚀的技术通常包括合理选材、阴极保护、阳极保护、介质处理、添加缓蚀剂、金属表面覆盖层、合理的防腐设计以及改进生产工艺流程等。

3-5 承压设备损伤通常分为哪些类别？

根据 GB/T 30579—2022《承压设备损伤模式识别》所述，承压设备的损伤模式通常包括腐蚀减薄、环境开裂、材质劣化、机械损伤和其他腐蚀等五种类型 82 种腐蚀机理。[7]

3-6 原煤中存在哪些腐蚀性介质？

原煤中含有的 S、N、Cl 等腐蚀性元素在高温高压的气化环境中生成 SO_2、H_2S、HCl、NH_3、NO、NO_2、HCN、COS、CS_2 等诸多腐蚀性介质，这些介质在低于工况下露点温度的水溶液环境中会电离出腐蚀性离子，对装置产生相当严重的腐蚀。

3-7 煤气化装置通常存在哪些腐蚀机理？

煤与氧气在气化炉内进行高温部分氧化反应得到的粗合成气中通常含有 H_2S、CO_2、SO_2、HCN、NH_3、COS、H_2 和 HCl 等多种腐蚀性介质。同时系统处于高温高压的环境，不仅有化学和电化学腐蚀，而且存在金属本身的高温机械性能损伤。另外，气化装置的激冷水系统、黑水处理系统都是气固液三相共存的环境，冲刷腐蚀非常严重。

其中酸性气、工艺冷凝液、渣水、黑水、灰水和闪蒸气等有湿硫化氢腐蚀风险，粗合成气等有高温 H_2/H_2S 腐蚀风险，气液两相粗煤气、闪蒸气及冷凝液等有 CO_2腐蚀风险，气液两相粗煤气、渣水、黑水及灰水等有氯离子腐蚀风险，原料煤管线、渣水、黑水、灰水及粉煤等有磨蚀性风险。气化装置重点腐蚀部位及腐蚀机理可参见图 3－1。

3－8 煤气化装置腐蚀问题应如何分析与识别？

煤气化装置腐蚀问题分析见图 3－1。

3－9 煤渣冲刷腐蚀的机理是什么？

冲刷腐蚀是指固体、液体、气体或其任意组合发生冲击或相对运动，造成材料表面层机械剥落加速的过程。针对煤化工装置，煤粉输送系统以及反应系统较易发生冲刷腐蚀。

冲刷可以在很短的时间内造成材料局部严重损失，典型情况有冲刷形成的坑、沟、锐槽、孔和波纹状形貌，且具有一定的方向性。当管道输送的液体中含有颗粒物时，低速流动(即小于 1.5m/s)导致固体颗粒沉降，造成管道底部的冲刷。

所有金属、合金都会受到影响。对煤化工装置来说，碳钢、低合金钢材质腐蚀较为明显。耐火材料可能也会受到影响。

详见 GB/T 30579—2022《承压设备损伤模式识别》第 8.6 部分。

3－10 硫化物在各温度段对设备腐蚀的状况如何？

120℃以下，硫化物未分解，在无水情况下对设备无腐蚀，但当含水时，则形成轻油部位的 H_2S-H_2O 型腐蚀。

120～240℃：活性硫未分解，故对设备无腐蚀。

240～340℃：硫化物分解生成 H_2S，腐蚀开始，且随着温度升高腐蚀加重。

340～400℃：H_2S 开始分解为 H_2 和 S，Fe 与 S 反应所生成的 FeS 膜具有防止进一步腐蚀的作用，但存在酸时，会破坏保护膜，使腐蚀进一步加剧。

426～430℃：高温硫对设备腐蚀最快。

480℃以上：硫化氢几乎完全分解，腐蚀速率下降。

500℃以上：不是硫化物的腐蚀范围，此时为高温氧化腐蚀。

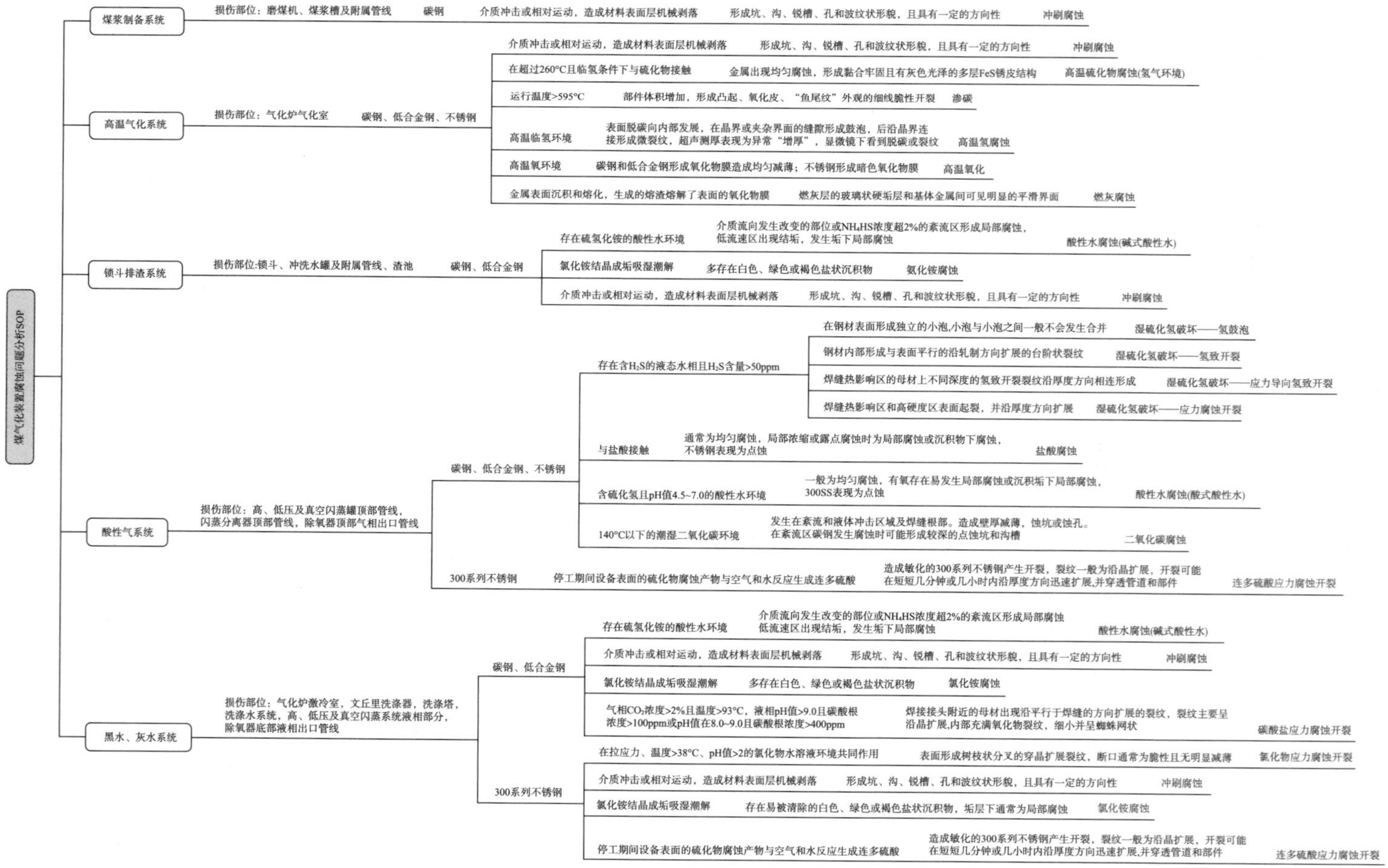

图 3－1　煤气化装置腐蚀问题分析标准作业程序(SOP)

注：上述分析程序是基于 Texaco 气化装置，对于其他几种气化工艺同样适用，仅需根据某些流程和设备结构的差异进行适当调整。

3－11 冲刷腐蚀的影响因素有哪些？

硬度：硬度低的合金易发生冲刷损伤，高流速时冲刷严重；硬度高的合金耐冲刷能力强。

流速：对于每种环境－材料组合，一般都会有一个流速临界值，大于该临界值时流体冲击就会造成金属损失，在临界值以上流速越高金属损失越快，尤其是软质合金(如铜合金和铝合金)易受机械损伤，可能金属损失严重。

组分：介质组分的相态，夹带颗粒的尺寸、密度和硬度均影响冲刷能力。

3－12 高温硫化物腐蚀(氢气环境)的机理是什么？

高温硫化物腐蚀(氢气环境)是指碳钢或低合金钢等在高温且临氢条件下与硫化物反应发生的腐蚀。其通常表现为均匀腐蚀，同时生成硫化亚铁锈皮，厚度约为被腐蚀金属厚度的5倍，并可能形成多层锈皮结构，金属表面的锈皮黏合牢固，且有灰色光泽，易被误认为是没有发生腐蚀的金属基体。

碳钢、低合金钢、400系列不锈钢、300系列不锈钢的耐蚀性依次递增。

详见GB/T 30579—2022《承压设备损伤模式识别》第5.22部分。

3－13 高温硫化物腐蚀(氢气环境)的影响因素有哪些？

温度：通常在铁基合金温度超过260℃时开始发生高温硫化物腐蚀，随温度升高，腐蚀速率增大。

合金元素：一般而言，铬含量越高，合金耐硫化物腐蚀能力越强，当铬含量未达到7%～9%(质量分数)时，即使增加铬含量，材料耐腐蚀性提高也不明显；铬含量相近的不锈钢其耐腐蚀能力相近，镍基合金同样如此。

氢分压：氢分压较高时，腐蚀速率比无氢环境下的硫化物腐蚀速率大得多。

硫化氢分压：随硫化氢分压的增高，腐蚀速率增大。

3－14 气化过程中高温氯化腐蚀机理是什么？

煤中的氯化物在气化炉中通过复杂的热解和气化反应，以HCl、Cl_2和碱金属氯化物的形式析出后与金属发生氯化反应，在导致金属材料流失的同时还破坏了金属表面致密的氧化膜，使其变得疏松、多孔且黏附性能降低，从而失去保护作用，因炉渣的冲刷作用而剥落，使腐蚀持续进行。高温氯化腐蚀具有循环腐蚀的特点，原因在于在较高温度条件下金属表面形成的氯化物能以气、液和固三种相态存在，氯元素以不同的化合物形式参与气、液和固相腐蚀反应。以下几个关键点对循环氯化腐蚀过程起到了重要的支撑作用：一是三个相态的腐蚀反应过程均伴随有Cl_2的生成，Cl_2穿过氧化膜的缝隙和孔洞到达金属基体并持续发生腐蚀；二是部分氯化腐蚀产物的低熔点和高蒸汽压是循环氯化腐蚀形成闭环的关键因子，其在氧化膜的缝隙和孔洞两侧存在蒸汽压梯度，金属氯化物以蒸汽形式向外扩散传输，遇到氧气后被氧化，生成金属氧化物和Cl_2；三是部分金属氯化物的扩散在穿过氧化膜时形成了新的缺陷和孔洞，这对金属氧化膜造成了不可逆的破坏，同时也为Cl_2的扩散提供了新的路径，加速了气相物质的移动；四是在高温氯化腐蚀过程中碱金属氯化物不仅参与液相和固相腐蚀，还对气相腐蚀过程起到助推作用。

3－15 影响高温氯化腐蚀的因素有哪些？

在气化过程中，煤中的氯化物存在两个析出区间：一是当温度在200～500℃时，有机氯或水溶态的氯析出；二是当温度在1000～1200℃时，无机态氯析出。一定条件下氯元素会在有机氯和无机氯之间发生相互转化。无机氯在高温气化过程中主要以HCl的形式析出，在富氧条件下部分以Cl_2的形式析出。当煤中氯含量相对较大时，高温氯化腐蚀倾向严重，其循环腐蚀特点对合金材料的危害性更大。且当氯化物与硫化物共存并有O_2和H_2O的参与时，产生的硫酸盐破坏了生成的金属氧化膜，加速氯腐蚀进程。在气相腐蚀过程中有机氯化物和无机氯化物通过复杂的反应生成HCl和Cl_2所需要的温度是有区别的，在液相和固相腐蚀过程中，共晶盐的出现和气态氯化物的冷凝析出均与温度有关。另外温度与腐蚀速率的大小密切相关，在400～700℃范围内，高温氯腐蚀速率同温度的关系是先升高，达到峰值后降低，这就说明在升温过程中腐蚀作用形式发生了改变，或者因为材质的差异性而发生了选择性腐蚀。在高氯环境中O_2促进了氯化物之间的相互转化，是氯化循环腐蚀发生的重要媒介。水蒸气的存在促进了NiO的生成，并且抑制了$NiCl_2$的形成，降低了腐蚀速率。硫化物会主要以SO_2的形式存在，SO_2可以直接与金属基体发生腐蚀反应。但是在氯化腐蚀过程中SO_2具有一定的抑制作用，主要通过与金属发生反应生成的保护层阻止HCl气体对金属的侵蚀，但当金属表面因为硫化作用出现低温共熔体时，会促进氯化腐蚀的发生。碱性氯化物易结成熔点更低的共晶体，发生液相氯化腐蚀。除此之外，碱性氯化物也可在局部低温金属表面冷凝析出，与氧化膜发生固相氯化腐蚀释放 Cl_2 和 HCl，加剧气相氯化腐蚀。

3－16 渗碳腐蚀的机理是什么？

渗碳是指在高温下金属材料与富碳材料或渗碳环境接触时，碳元素向金属材料内部扩散，产生金属碳化物脆性相的过程。

$$Fe + C \longrightarrow Fe_3C$$

渗碳会导致材料表面形成渗碳层，碳钢和低合金钢的渗碳层硬而脆，冷却时可能开裂或剥离，同时材料表面硬度升高，蠕变延性、常温力学性能、焊接性能和耐腐蚀性能降低。渗碳部位构件的壁厚或体积可能增加，渗碳后合金的铁磁性可能增加，渗碳会形成金属碳化物并消耗掉碳化物周围基体的组成元素。

碳钢、低合金钢、300 系列不锈钢、400 系列不锈钢、不锈钢铸件、铁含量高的镍基合金(如因科耐尔合金 600 和因科镍合金 800)、铁铬镍耐热铸造合金(如 HK 或 HP 合金)均会受到影响。

煤化工装置气化炉的操作温度均在 1000℃以上，进料为煤粉颗粒，本质为碳，如若耐火层破损，则满足渗碳的环境条件。

详见 GB/T 30579—2022《承压设备损伤模式识别》第 7.5 部分。

3－17 影响渗碳腐蚀的因素有哪些？

发生渗碳应同时满足 3 个条件：在渗碳环境中使用或与含碳材料接触、足够高的温度使碳在金属内部可以扩散(通常大于 593℃)、对渗碳敏感的材料。

温度：温度越高，渗碳速率越快。

渗碳层扩展的速率一般会越来越慢，最终趋于停止。

材质：提高铬、镍元素含量，可增加材料抗渗碳损伤的能力，300 系列不锈钢铬、镍元素含量比碳钢、低合金钢高，抗渗碳能力强。

环境：高碳活性气相(如含烃、焦炭、一氧化碳、二氧化碳、甲烷或乙烷的气体)和氧势低(微量氧气或蒸汽)有利于渗碳损伤的发展。

3－18 氯化铵腐蚀的机理是什么？

氯化铵(或氯化铵盐)在一定温度下结晶成垢，盐垢极易吸湿潮解，引起均匀腐蚀或局部腐蚀，其中以无自由态水部位的点蚀最为常见。腐蚀部位多存在白色、绿色或褐色盐状沉积物，若停车时进行水洗或吹扫，会除去这些沉积物，等到目视检测时沉积物可能已不明显，垢层下腐蚀通常为局部腐蚀。

详见 GB/T 30579—2022《承压设备损伤模式识别》第 5. 19 部分。

3－19 影响氯化铵腐蚀的因素有哪些？

材质：按耐腐蚀性增加的顺序：碳钢、低合金钢、300 系列不锈钢、蒙乃尔合金 400、双相不锈钢、因科镍合金 800 和因科镍合金 825、因科耐尔合金 625 和哈氏合金 C276，以及钛。

结晶程度：高温物料冷却时氯化铵盐会析出结晶，其程度取决于氯化铵浓度和温度，即使温度远远超过水的露点温度，如 205℃时，也会腐蚀管道和设备。

水分：氯化铵盐易吸湿潮解，少量水即可造成严重腐蚀，最大腐蚀速率可超过 2. 5mm/a；当氯化铵在高于水露点温度下析出时，可能需要注入洗涤水以溶解氯化铵盐；氯化铵盐也具有很强的水溶性和腐蚀性，在与水混合时形成酸性溶液。

温度：随温度升高，腐蚀速率增大。

3－20 高温氧化腐蚀的机理是什么？

高温氧化是指高温下金属与氧气发生反应生成金属氧化物的过程，多发生于加热炉、锅炉和其他火焰加热设备等高温环境中运行的设备，尤其是在温度超过 538℃的设备和管道中。

多数合金(包括碳钢和低合金钢)氧化发生后在金属表面生成氧化物膜，造成金属均匀减薄，而 300 系列不锈钢和镍基合金在高温氧化作用下易形成暗色的氧化物薄膜。

碳钢、低合金钢、300 系列不锈钢、400 系列不锈钢和镍基合金均会受到影响。

详见 GB/T 30579—2022《承压设备损伤模式识别》第 5. 9 部分。

3－21 影响高温氧化腐蚀的因素有哪些？

温度：碳钢随温度升高腐蚀加剧，538℃以上时碳钢的氧化腐蚀严重。

合金成分：铬元素可形成保护性氧化物膜，故钢和其他合金的耐蚀性通常取决于材料的铬元素含量，300 系列不锈钢在 816℃以下有良好的耐蚀性。

3－22 连多硫酸应力腐蚀开裂的机理是什么？

停工期间设备表面的硫化物腐蚀产物与空气和水反应生成的连多硫酸（$H_2S_xO_6$，$x=3\sim6$）易造成敏化的 300 系列不锈钢产生开裂，开裂易发生在高应力区域或焊接接头热影响区，裂纹一般为沿晶扩展，可能在短短几分钟或几小时内沿厚度方向迅速扩展，并穿透管道和部件。这种开裂与 300 系列不锈钢在经历高温阶段时碳化铬在晶界析出，晶界附近的铬浓度减少，形成局部贫铬区有关。

详见 GB/T 30579—2022《承压设备损伤模式识别》第 6.12 部分。

3－23 影响连多硫酸应力腐蚀开裂的因素有哪些？

当环境、材料和应力的共同作用满足条件时，就可能发生开裂：

（1）环境：金属部件在硫化物环境中表面形成硫化物，硫化物与空气和水反应生成连多硫酸。

（2）材料：材料处于敏化状态或为敏感性材料。

（3）应力：存在残余应力或载荷引起的外加应力，大多数部件的残余应力通常就足以促成开裂。

敏化：受影响的金属在制造、焊接或高温使用环境中会产生敏化，在金属晶界上形成碳化铬，敏化程度取决于材料成分、受热历史等因素。一般敏化会在 400～815℃的温度范围内发生。

碳含量：304 或 304H、316 或 316H 等常规碳含量的不锈钢，焊接接头热影响区对敏化尤其敏感。“L”级低碳牌号（碳含量小于 0.03%）的不锈钢则不太敏感，通常进行焊接也不会受到敏化影响。只要长期工作温度不超过 400℃，L 级牌号的 300 系列不锈钢就不会敏化。

3－24 氯化物应力腐蚀开裂的机理是什么？

处于氯化物水溶液环境中的 300 系列不锈钢或部分镍基合金在拉应力、温度和氯化物水溶液的共同作用下产生起源于表面的开裂。裂纹起源于表面，无明显的腐蚀减薄，裂纹多呈树枝状、有分叉且一般穿晶扩展，但发生敏化的 300 系列不锈钢应力腐蚀断口也可能呈沿晶特征。

详见 GB/T 30579—2022《承压设备损伤模式识别》第 6.1 部分。

3－25 影响氯化物应力腐蚀开裂的因素有哪些？

温度：应力腐蚀开裂敏感性随温度的升高而升高，开裂时金属温度通常不低于 38℃。

浓度：敏感性随氯化物浓度的升高而升高，但很多情况下氯离子会在局部浓缩，所以即使介质中氯化物含量很低，也可能会发生应力腐蚀。

伴热或蒸发条件：如果存在伴热或蒸发条件将可能导致氯化物局部浓缩聚集，显著增加氯化物应力腐蚀开裂敏感性，干－湿、水－汽交替的环境具有类似作用。

pH 值：发生应力腐蚀开裂时 pH 值通常大于 2.0，pH 值低于此数值时多易发生均匀腐蚀；pH 值接近碱性区域时，应力腐蚀开裂可能性降低。

应力：应力(残余应力或外加应力)越大，开裂敏感性越高；高应力或冷加工构件，如膨胀节，开裂敏感性高。

选材：镍含量在 8% ~12% 时，开裂敏感性最大，镍含量高于 35% 时具有较高的氯化物应力腐蚀抗力，镍含量高于 45% 时，基本上不会发生氯化物应力腐蚀开裂；双相不锈钢比 300 系列不锈钢耐氯化物应力腐蚀能力更强，碳钢、低合金钢、400 系列不锈钢则对氯化物应力腐蚀开裂不敏感。

溶液中的溶解氧会加速氯化物应力腐蚀开裂，目前仍不能确定氧含量是否存在阈值，即当氧含量低于该阈值时就不会发生氯化物应力腐蚀开裂。

3－26 NH_4HS 的形成及腐蚀机理是什么？

金属材料在存在硫氢化铵(NH_4HS)的酸性水中发生的腐蚀通常称为碱式酸性水腐蚀。

$$NH_4HS + H_2O + Fe \longrightarrow FeS + NH_3 \cdot H_2O + H_2$$

在介质流动方向发生改变的部位或硫氢化铵浓度超过 2% 的紊流区易形成严重局部腐蚀；当介质注水不足以溶解析出的硫氢化铵时，在低流速区可能出现结垢，发生垢下局部腐蚀；换热器管束发生结垢时，还可能出现堵塞和换热效率降低等情况。

碱式酸性水的腐蚀根据 pH 值的不同可分为两类：一是当 pH 值为 7 ~9 时，腐蚀由 H_2S 主导，此时常见金属耐蚀性为：碳钢 <316 不锈钢 <304 不锈钢 <825 合金 <625 合金 <2507 双相钢 <哈氏合金 C276；二是当 pH 值为 9 ~11 时，腐蚀

由 NH_3 主导，此时常见金属耐蚀性为：2507 双相钢 < 316 不锈钢 < 碳钢 < 825 合金 < 哈氏合金 C276。

详见 GB/T 30579—2022《承压设备损伤模式识别》第 5. 23 部分。

3－27 酸式酸性水的形成及腐蚀机理是什么？

H_2S 微溶于水，与水反应生成弱酸，即氢硫酸。水溶液中电离出 H^+ 和 HS^-，形成酸性系统。酸式酸性水腐蚀是指 pH 值在 4. 5 和 7. 0 之间的含 H_2S 酸性水对钢的腐蚀。酸式酸性水腐蚀影响的主要是碳钢，不锈钢、铜合金和镍基合金通常是耐腐蚀的。

酸性水造成的腐蚀损害通常表现为均匀变薄，但在存在溶解氧的情况下也可能发生局部腐蚀或局部沉积物侵蚀。

详见 GB/T 30579—2022《承压设备损伤模式识别》第 5. 24 部分。

3－28 影响酸式酸性水腐蚀的因素有哪些？

硫化氢浓度：随酸性水中硫化氢浓度的升高，腐蚀速率增大。酸性水中硫化氢浓度取决于气相中硫化氢分压、温度和 pH 值，在一定压力下，酸性水中的硫化氢浓度随温度升高而降低。

pH 值：硫化氢浓度增加会降低溶液的 pH 值，最低可达 4. 5，形成较强的酸性环境，腐蚀明显。pH 值高于 4. 5 时，可能会形成硫化亚铁保护膜，减小腐蚀速率；但有时则可能形成一层多孔的硫化物厚膜，不仅不能减小均匀腐蚀速率，甚至会促进垢下点蚀。

杂质：氯化氢和二氧化碳会降低 pH 值，即酸性变强，氨会使 pH 值升高且可能形成碱式酸性水腐蚀。空气或氧化剂的存在可能会增加腐蚀作用，常形成点蚀或垢下腐蚀。

流速：高流速冲刷易使硫化亚铁保护膜被破坏，腐蚀速率增大。

3－29 湿硫化氢的形成及腐蚀机理是什么？

在含水和 H_2S 的环境中，碳钢和低合金钢所发生的损伤通常有以下四种类型。

(1)氢鼓泡：主要在压力容器的内表面形成膨胀。氢鼓泡在无缝管中很少见，但在焊管中时常发生。鼓泡是由腐蚀反应在钢表面形成的氢原子引起的。硫是一种复合毒物，能够延缓氢原子结合成氢分子，使氢原子在钢表面停留进而扩散到钢中，并在诸如夹杂物或层合物等不连续点与水结合形成氢气。氢气分子太大被困在晶格中，无法通过钢扩散出去，便会形成氢气气体压力，直到局部发生变形，形成鼓泡。鼓泡是由腐蚀产生的氢气引起的，而不是由工艺流程中产生的氢气引起的。

(2)氢致开裂(HIC)：产生的原因与氢鼓泡相同，即由于腐蚀，氢原子扩散到钢中，但是氢致开裂情境下氢原子扩散到钢中，不是形成鼓泡，而是在内部分离出平行于钢表面的层状间隙，这时同样会形成氢气气体压力，致使容器内壁发生分离。分离最初是微观大小，但可以连接在一起形成微观尺寸的裂缝，进而成长为一个大的分离，这个大的分离就是同一平面平行于表面的裂纹。不同平面上开裂分离物之间的相互连接裂缝呈阶梯状，因此 HIC 有时也被称为“阶梯状裂缝”。

(3)应力导向氢致开裂(SOHIC)：是由一系列 HIC 相互叠加而成的。在高应力水平作用下，堆叠的 HIC 将连接并产生垂直于表面的贯通壁厚的裂缝。SOHIC 最常发生在母材焊缝附近，焊接残余应力是 SOHIC 最常见的驱动因素。SOHIC 可以单独从堆叠的 HIC 开始，也可以从硫化物应力腐蚀开裂开始，还可以从其他类似裂纹的缺陷或应力集中开始。SOHIC 是一种潜在的比 HIC 更具有破坏性的开裂形式，能以相对较高的速度发展成贯通壁厚的裂缝。此外，目视检查未发现氢鼓泡可能会给人一种错误的提示，认为 H_2S 损害并不活跃，但表面下可能存在 SOHIC。

(4)硫化物应力腐蚀开裂(SSC)：某些金属材料在水和 H_2S 环境中，受拉应力和腐蚀的共同作用发生的开裂。SSC 是氢脆开裂的一种形式，是由腐蚀过程中金属表面产生的氢原子被吸收而导致的。除碳钢和低合金钢外，如果硬度没有控制到足够低的水平，许多不锈钢会受到影响，如 410 型马氏体不锈钢。

详见 GB/T 30579—2022《承压设备损伤模式识别》第 6.7 部分。

3-30 影响湿硫化氢破坏的因素有哪些？

湿 H_2S 破坏的必要条件是系统中必须存在含 H_2S 的液态水相，即酸性环境，必须与钢接触，才能发生。通常情况下，随着 H_2S 分压的增加，损伤逐渐严重。水相中 H_2S 浓度小于 50ppm 时损害不会发生。但在某些情况下，开裂发生在较低的浓度下，或未预料到湿 H_2S 的非正常条件下。只要有 1ppm 硫化氢存在于水中，就足以引起钢的氢交换。当 pH 值为 7 时，氢在钢中的渗透和扩散速率最小，在 pH 值较高和较低时均有所增加。当 pH <4 时，只需要少量的 H_2S 就能引起损伤。然而当 pH 值高于 7 时，湿 H_2S 也会发生损害。水相中的盐或其他物种降低了 pH 值或增加了腐蚀速率，会增加氢交换速率，从而加剧湿 H_2S 破坏环境的严重程度。在环境温度和 150℃或更高的温度之间，可能发现氢鼓包、HIC 和 SOHIC。SSC 在大约 20℃时损伤最大，在约 95℃以下，SSC 通常是需要考虑的问题。然而，超过这一极限温度的实际情况仍然要看其他情况，即所涉及的钢的硬度和其他环境因素的严重性。如果易受影响的金属在 95℃下发生氢扩散，当冷却到环境温度时会开裂。氢鼓包和 HIC 都受到夹杂物的影响。改善钢的清洁度和加工性能，可以最大限度地减少氢鼓包和 HIC 损伤，但仍然可能发生 SOHIC。氢鼓包、HIC 和 SOHIC 损伤与钢的硬度无关。典型碳钢预计不会受到 SSC 的影响，因为它们的强度和硬度足够低。高强度钢或者通过焊接硬化钢（如 Cr－Mo 钢），容易发生 SSC。氢鼓包和 HIC 损伤的发展没有施加残余应力。通常热处理不会阻止它们的发生。引起 SOHIC 所需的拉应力通常来自焊接残余应力，在没有消除热应力的情况下，残余应力通常是非常高的，即接近屈服强度。高的局部应力或缺口状不连续面可作为 SOHIC 的起始点。

3－31 高温氢腐蚀的机理是什么？

当碳钢和合金钢处于高温临氢环境时，氢进入钢材中并与碳反应生成甲烷气体，甲烷进入晶界或夹杂界面的缝隙形成气泡，随着气泡压力的增大，靠近钢材表面的气泡会发生形变而鼓凸成为甲烷鼓泡，相邻晶界内气泡会长大并连接形成裂纹，腐蚀部位的钢材同时出现脱碳：

$$C + 2H_2 \longrightarrow CH_4$$

氢腐蚀大致分为三个阶段：

(1)孕育期：氢与碳反应会使钢材表面脱碳，若碳向表面扩散速度慢，脱碳就会向内部发展，在晶界或夹杂界面的缝隙形成甲烷鼓泡，可通过扫描电镜观察到鼓泡；

(2)腐蚀期：是快速发展期，鼓泡长大到某一临界点后沿晶界连接起来形成微裂纹，钢的体积膨胀，强度和塑性迅速下降，超声波测厚时可能会表现为异常“增厚”；

(3)饱和期：在显微镜下观察试样可看到脱碳或裂纹，有时现场金相分析也能观察到，裂纹彼此连接，钢材力学性能和体积变化渐趋停止。

腐蚀的形貌通常为：碳钢的裂纹呈沿晶扩展并靠近珠光体组织，氢分子或甲烷在钢材中的夹层处聚集，形成的鼓泡有些通过目视检查就能发现。

碳钢、C－0.5Mo、Mn－0.5Mo、1Cr－0.5Mo、1.25Cr－0.5Mo、2.25Cr－1Mo、2.25Cr－1Mo－V、3Cr－1Mo、5Cr－0.5Mo 耐高温氢腐蚀能力依次递增。

详见 GB/T 30579—2022《承压设备损伤模式识别》第 9.1 部分。

3－32 影响高温氢腐蚀的因素有哪些？

温度：温度越高，氢腐蚀越严重。

氢分压：氢分压越高，氢腐蚀越严重。

材质：钢中碳含量越高，氢腐蚀越严重。

时间：从损伤开始发生到用合适的检测技术能发现的这段时间为孕育期，孕育期可能是极端苛刻工况下的几个小时或若干年。

Nelson 曲线给出了常见钢材不发生氢腐蚀的温度/氢分压最高容限，选材时应参考该曲线。300 系列不锈钢，以及 5Cr、9Cr 和 12Cr 的合金钢，在煤化工装置常见工况中很少发生高温氢腐蚀。

3－33 燃灰腐蚀的机理是什么？

燃灰腐蚀的机理是燃油或燃煤中的杂质(主要为硫、钠、钾和/或钒)在加热炉、锅炉、燃气涡轮的金属表面沉积和熔化，生成的熔渣熔解了表面的氧化物膜，使膜下新鲜金属裸露出来，与氧气反应再次生成氧化铁等氧化物，如此反复，加速材料在高温下的损耗。

使用燃煤时燃灰层的玻璃状硬垢层和基体金属间可见明显的平滑界面，水冷壁开裂以环向为主，轴向相对少些，整体表现为环向凹槽。熔融灰团形成时，只能维持住一定质量的灰分，质量过大时，熔渣会脱落，使一段无遮挡的光管暴露在燃烧室的热流下。水冷壁温度会发生跃升，估计幅度可达38℃，形成类似于热疲劳的开裂。蒸汽冷却管的机理也类似，只是温度跃升小一些，因此热疲劳损伤也轻微一些。过热器和再热器的鳄鱼皮状斑纹和燃煤锅炉水冷壁的环向开裂也类似。

详见 GB/T 30579—2022《承压设备损伤模式识别》第 5.17 部分。

3-34 影响燃灰腐蚀的因素有哪些？

温度：金属温度超过盐的熔化温度时腐蚀才会发生，温度最高的部位腐蚀最严重。

合金成分：腐蚀速率因合金成分不同而变化，镍基耐蚀合金耐蚀能力强。

熔渣类型：水冷壁的燃灰腐蚀是焦硫酸钠和焦硫酸钾的混合熔渣造成的，熔点温度约371℃；气相中一氧化碳、硫化氢、氢气含量较高，以及未燃烧的煤粉都会形成还原性条件，腐蚀加速，腐蚀速率是氧化性条件中的2~5倍。

管子(尤其是奥氏体合金材质)表面的渗碳，会降低耐腐蚀性，加速金属的损耗。

3-35 二氧化碳腐蚀的机理是什么？

二氧化碳腐蚀是指金属在潮湿的二氧化碳环境(碳酸)中发生的腐蚀：

$$H_2O + CO_2 + Fe \longrightarrow FeCO_3 + H_2$$

腐蚀一般发生在紊流和液体冲击区域，有时也会发生在管道焊缝根部。腐蚀区域壁厚减薄，可能形成蚀坑或蚀孔。在紊流区，碳钢发生腐蚀时可能形成较深的点蚀坑和沟槽。

详见GB/T 30579—2022《承压设备损伤模式识别》第5.5部分。

3-36 影响二氧化碳腐蚀的因素有哪些？

二氧化碳分压：二氧化碳分压增高，pH值下降，腐蚀性增强。

温度：温度未达到溶液中二氧化碳气体逸出温度前，随温度升高，腐蚀速率增大，一般来说，140℃以上不考虑二氧化碳腐蚀。

铬含量：若铬含量未达到12%，增加钢中铬含量不能明显提高耐腐蚀能力。

杂质：存在其他腐蚀杂质，并导致pH值下降时，腐蚀速率增大；氧气浓度大于10×10^{-9}会导致腐蚀加剧。

流态：高流速和湍流会导致局部腐蚀加剧。

3-37 碳酸盐应力腐蚀开裂的机理是什么？

碳酸盐应力腐蚀开裂是指接触碳酸盐溶液环境的碳钢和低合金钢，在拉应力作用下焊接接头附近的表面发生开裂，是碱应力腐蚀开裂的一种特殊情况。

碳酸盐应力腐蚀开裂常见于焊接接头附近的母材，裂纹沿平行于焊缝的方向扩展，有时开裂也出现在焊缝金属和热影响区。裂纹通常起源于焊接接头内形成局部应力集中的缺陷位置，裂纹细小并呈蜘蛛网状。裂纹主要呈沿晶扩展，裂纹内一般会充满氧化物。碳酸盐应力腐蚀开裂裂纹容易与硫化物应力腐蚀开裂或应力导向氢致开裂混淆，但碳酸盐应力腐蚀裂纹通常离焊趾更远，并形成多条平行的裂纹。

详见 GB/T 30579—2022《承压设备损伤模式识别》第 6. 2 部分。

3－38 影响碳酸盐应力腐蚀开裂的因素有哪些？

应力：碳酸盐应力腐蚀开裂通常发生在未消除应力的焊接接头、冷加工区域，然而残余应力较低的部位也会发生碳酸盐应力腐蚀开裂。

pH 值和碳酸盐浓度：随 pH 值和碳酸盐浓度升高，开裂敏感性亦升高，未消除应力的碳钢在 pH 值大于 9. 0 且碳酸根（CO_3^{2-}）浓度大于 100×10^{-6}时，或 pH 值在 8. 0 ~9. 0，且碳酸根浓度（CO_3^{2-}）大于 400×10^{-6}时就可能发生碳酸盐应力腐蚀开裂。

如果物料含氰化物，开裂敏感性升高。

若水溶液中硫化氢浓度大于或等于 50×10^{-6}且 pH 值大于或等于 7. 6 时，设备和管道可能发生碳酸盐应力腐蚀开裂。

3－39 盐酸腐蚀的机理是什么？

盐酸腐蚀是指金属与盐酸接触时发生的全面或局部腐蚀：

$$Fe + 2HCl \longrightarrow FeCl_2 + H_2$$

碳钢和低合金钢发生盐酸腐蚀时可表现为均匀腐蚀，介质局部浓缩或露点腐蚀时表现为局部腐蚀或沉积物下腐蚀。300 系列不锈钢和 400 系列不锈钢发生盐酸腐蚀时可表现为点蚀，形成直径为毫米级的蚀坑，甚至可发展为穿透性蚀孔。

详见 GB/T 30579—2022《承压设备损伤模式识别》第 5. 1 部分。

3－40 影响盐酸腐蚀的因素有哪些？

盐酸浓度：随盐酸浓度升高，腐蚀速率增大；在热交换器和管道中的氯化铵盐或盐酸胺盐沉积物易从工艺物料或注入的洗涤水中吸收水分，在沉积物下可水解形成酸性溶液，水溶液的 pH 值低于 4.5 时对碳钢和低合金钢的腐蚀性较强。

温度：随温度升高，腐蚀速率增大。

合金成分：300 系列不锈钢和 400 系列不锈钢耐盐酸腐蚀能力差，钛(钛合金)和镍(镍基合金)耐盐酸腐蚀，尤其在温度不高的稀盐酸中耐腐蚀性能强。

氧化剂：存在氧化剂(氧气、铁离子和铜离子)，会加速镍基合金的腐蚀；在氧化性介质环境中，钛具有优良的耐盐酸腐蚀能力。

3-41 煤气化装置腐蚀控制措施及监/检测方案有哪些？

前文着重阐述了气化装置可能存在的典型腐蚀机理，除上述几种腐蚀机理外，在高温气化炉内还存在着球化、脱碳、回火脆化等损伤可能，部分需要注碱的气化工艺装置根据注碱量的变化也可能出现不同程度的碱腐蚀和碱应力腐蚀开裂的可能。但这些腐蚀机理在煤气化装置内并非占主导地位，因此不再赘述。表 3-1 是煤气化装置腐蚀控制措施及监/检测方案。

表 3-1 煤气化装置腐蚀控制措施及监/检测方案

损伤风险	控制措施	监/检测方案
氯化物应力腐蚀开裂	(1)选材：使用耐氯化物应力腐蚀开裂能力较强的材料。 (2)水质：当用水进行压力试验时，应使用氯含量低的水，试验结束后应及时彻底烘干。 (3)涂层：材料表面涂覆涂层，避免材料直接接触介质流体。 (4)结构设计：结构设计时尽量避免导致氯化物集中或沉积的可能，尤其应避免介质流动死角或低流速区。 (5)消除应力：对于 300 系列不锈钢制作的部件宜进行固溶处理，对于稳定化奥氏体不锈钢可进行稳定化处理，以消除残余应力，但应注意热处理可能引起的敏化，会增大材料的连多硫酸应力腐蚀开裂敏感性，也可能产生变形问题以及再热裂纹。 (6)表面要求：降低材料表面粗糙度，防止机械划痕、擦伤和麻点坑等，降低氯化物积聚的可能性	(1)检测方法一般为材料表面目视检测和可疑部位渗透检测。 (2)管道、热交换器管束和设备表面的检测可采用涡流检测法。 (3)极细微裂纹检测主要采用金相分析法

续表

损伤风险	控制措施	监/检测方案
连多硫酸应力腐蚀开裂	(1)停工过程中或停工后用碱液或苏打水冲洗设备，以中和连多硫酸，或停工期间用干燥氮气，或者氮气和氨混合气进行保护，以防止接触空气。 (2)加热炉保持燃烧室温度始终在露点温度以上，防止在加热炉管表面形成连多硫酸。 (3)选用不易敏化的材质，如稳定化奥氏体不锈钢、低碳奥氏体不锈钢、双相不锈钢或镍基合金	渗透检测、金相检测
酸性水腐蚀(酸式酸性水)	(1)温度低于60℃可用300系列不锈钢，且基本不用考虑氯化物应力腐蚀开裂问题。 (2)铜合金和镍基合金一般不易发生酸式酸性水腐蚀，但当存在氨时，铜合金易发生腐蚀	(1)壁厚测定：碳钢腐蚀一般为均匀腐蚀，在高流速或湍流区域会发生局部腐蚀，尤其在水汽凝结的部位，可采用超声波或射线成像检测确定减薄状况。 (2)工艺防腐和腐蚀监测：应定期对闪蒸罐、锁斗及冲洗水进行pH值监测。 (3)探针或挂片：设置探针或挂片，监测腐蚀程度
酸性水腐蚀(碱式酸性水)	(1)浓度监控：硫氢化铵浓度2%(质量分数)以上，尤其是达到8%或更高时，应对介质流速进行分析，确定腐蚀倾向，硫氢化铵浓度一般不应超过8%，否则碳钢腐蚀严重。 (2)流速：材质采用碳钢的设备和管道，介质流速宜保持在3～6m/s范围内，流速超过6m/s时应根据硫氢化铵浓度选用耐蚀合金，如因科镍合金825、双相不锈钢等	(1)筛选腐蚀区：取样和计算硫氢化铵含量，由工艺工程师和材料或腐蚀工程师提供数据，用以确定腐蚀敏感区。 (2)厚度监测：对腐蚀敏感区尤其是高流速和低流速部位、高浓度硫氢化铵的控制阀下游部位经常进行超声波检测、导波检测或射线成像检测
碳酸盐应力腐蚀开裂	(1)焊接接头焊后消应力热处理。 (2)涂覆有效的阻隔涂层。 (3)整体采用300系列不锈钢或采用300系列不锈钢衬里的复合材料，也可以采用镍基合金或其他耐蚀合金代替碳钢。 (4)热碳酸盐系统在热处理或蒸汽吹扫前，应用水冲洗未焊后热处理的管道和设备	(1)工艺条件的微小变化可引起偶然性的快速开裂，对这种情况下发生的开裂进行监测毫无意义，通常只能定期监测装置酸性水中的pH值和碳酸根浓度来确定开裂敏感性。 (2)采用目视、磁粉、漏磁检测，不宜渗透检测。 (3)超声波横波检测可以检测是否存在裂纹，还可对裂纹自身高度进行测量。 (4)声发射检测可用于监测裂纹活性，判断裂纹是否处于扩展状态

续表

损伤风险	控制措施	监/检测方案
渗碳	(1)选择抗渗碳合金，如可形成表面稳定氧化膜或硫化膜的合金。 (2)降低温度，或提高氧或硫分压，以降低碳活性	(1)初始渗碳阶段，可进行表面硬度测试、金相分析、涡流检测，条件允许时可进行破坏性取样分析。 (2)对于投用前原始状态为顺磁性的合金(奥氏体合金)，可检测磁导率的变化程度，但表面氧化物可能会对检测结果造成干扰。 (3)渗碳的末期会产生开裂，可以采用射线成像检测、超声波横波检测、涡流检测等技术检测有无裂纹
高温氧化	(1)材质选用：使用温度大于 538℃ 时，材料不宜选择碳钢。通过材质升级可减缓高温氧化。铬是影响耐氧化能力的主要合金元素。硅和铝等其他合金元素也有同样的效果，但因其对力学性能不利，添加量应控制。用于气化炉支架、烧嘴喷口和燃烧设备部件的特殊合金常添加这些元素。 (2)敷设耐氧化的表面保护层	(1)监测工艺条件：温度监测，如使用热电偶或红外热成像仪对温度进行监测，防止运行超温。 (2)厚度测量：超声波测厚
氯化铵腐蚀	耐点蚀的合金同样具有较好的耐氯化铵腐蚀性能，但即使是耐点蚀性最强的镍基合金和钛合金，也可能在氯化铵盐环境中发生点蚀	(1)氯化铵盐垢下腐蚀通常为局部腐蚀，难以检测。 (2)壁厚测定：射线或超声波检测确定壁厚减薄。 (3)监测进料和排放废水中氨和氯化物含量，可能需要通过工艺模拟来确定浓度和露点温度，若已计算出氯化铵盐沉积温度，为使金属壁温始终保持在氯化铵盐沉积温度之上，温度监测和控制可能会比较有效。 (4)监测热交换器的压力降和换热效率，压力降异常增大或换热效率明显降低时，常可发现已产生了氯化铵盐沉积垢层。 (5)腐蚀挂片或探针，由于氯化铵盐需要沉积在探针表面才可有效监测腐蚀，故该方法可能有用

续表

损伤风险	控制措施	监/检测方案
盐酸腐蚀	(1)控制原料氯含量。 (2)注水稀释工艺物料，降低盐酸浓度。 (3)按 pH 值情况注入适量苛性碱中和	(1)对于均匀腐蚀，检测方法一般为目视检测和腐蚀部位壁厚测定，对于点蚀坑或蚀孔，检测方法一般为目视检测，必要时可借助内窥镜进行观察。 (2)当腐蚀发生在内壁而只能从外部检测时，可用超声波自动扫查、导波检测或射线成像检测查找减薄部位，并对减薄部位进行测厚。 (3)介质的 pH 值、铁离子含量、氯化物含量的测定和监控。 (4)设置腐蚀探针、腐蚀挂片或壁厚监测系统实时监控腐蚀速率
高温氢腐蚀	(1)元素成分：添加铬、钼元素可以提高碳化物的稳定性，减少甲烷的产生，明显改善钢的耐氢腐蚀能力，其他能形成稳定碳化物的合金元素(如钒、钛等)，添加后都能提高钢的耐氢腐蚀能力。 (2)选材：设计时应参照 Nelson 曲线并在其基础上增加 14～28℃的安全裕度选择合适的材料，0.5Mo 钢的高温氢腐蚀损伤会出现在焊缝热影响区以及远离焊缝的母材上，新建造的设备不宜使用。 (3)衬里：300 系列不锈钢衬里或300 系列不锈钢复合板可用于临氢环境下耐硫化腐蚀能力不足的场合，堆焊层或复合衬里能降低基材的氢分压	(1)焊缝区、热影响区及母材上都可能发生损伤，因此敏感材料的高温氢腐蚀监测极其困难，需重点检查衬里剥离的区域。 (2)扫描电镜可检测出试样中高温氢腐蚀早期的鼓泡或孔洞，但很难区分高温氢腐蚀孔洞和蠕变孔洞。装置中的一些低合金钢在运行环境里同时面临高温氢腐蚀和蠕变损伤，只有对损伤区域进行高级金相分析才能辨认出早期阶段的高温氢腐蚀。现场金相检验只能检测出靠近表面的微裂纹、开裂和脱碳，但多数设备制造期的热处理可能早已使设备表面形成脱碳层。 (3)声速比值和背散射相结合的超声检测方法能非常容易发现严重开裂。 (4)内表面目视检测如已发现鼓泡，表明可能发生了高温氢腐蚀。但没有鼓泡不代表没有发生高温氢腐蚀。 (5)损伤末期阶段在显微镜下观察试样可看到脱碳或裂纹，有时现场金相分析也能观察到。湿荧光磁粉检测和射线成像检测等其他常规检测方法在损伤末期已经形成开裂时还有一些检测效果，对于其他阶段的高温氢腐蚀无效

续表

损伤风险	控制措施	监/检测方案
湿硫化氢破坏	(1)选用合适的钢材或合金，或设置有机防护层。 (2)用冲洗水来稀释氢氰酸溶液。 (3)采用高纯净度的抗氢致开裂钢。 (4)控制焊缝和热影响区的硬度不超过HB200(布氏硬度)。 (5)焊接接头部位进行焊后消除应力热处理。 (6)使用专用缓蚀剂	(1)应对工艺状况进行评估，确定最容易发生湿硫化氢破坏的设备和管道；应定期或必要时对自由态水进行现场取样，监测工艺状况，尤其是水洗处理期间或多硫化物注入阶段。 (2)一般应优先并重点检查焊缝和接管。 (3)目视检测可以发现裂纹，但用湿荧光磁粉、涡流检测、射线成像检测或交流漏磁等方法更有效，交流漏磁检测则不需要进行表面处理准备，渗透检测无法发现致密裂纹，不能作为主要检测方法。 (4)外部超声波横波检测等超声检测方法也较常用，可有效测量体积型缺陷和裂纹尺寸，利用电阻特性变化来测定裂纹深度效果不佳。 (5)打磨消除裂纹，或用碳弧气刨去除裂纹，都可确定裂纹深度。 (6)声发射检测可用于检测裂纹活性
燃灰腐蚀	(1)设计优化：烧嘴合理设计，减少火焰冲击和局部过热等可能产生高温的状况。 (2)工艺改进：燃烧时保持氧气过量，实现燃料充分燃烧，或向燃料中注入特殊的添加剂，提高炉渣熔点，并降低沉积物黏附在金属表面或熔解保护性氧化物膜的可能性，降低设备使用温度，使最高部位的温度也不超过熔渣的熔点。 (3)选材：管道支吊架等容易产生高温的部件可改用50% Cr－50% Ni 合金，如合金657，但可能需要同时对设计进行更改，以改善50% Cr－50% Ni 合金低应力脆断的问题	(1)目视检测：检查燃灰腐蚀的最有效方法，挂渣明显的部位金属损耗可能也非常严重。 (2)壁厚测定：先喷砂去除黏附力强的玻璃状硬垢，然后用超声波检测来测量厚度损失。 (3)金相检查和沉积物分析技术可用于确定是否发生了燃灰腐蚀
冲蚀	(1)设计优化：以冲刷为主导损伤的场合，所有可缓解冲刷的措施均可考虑，如设计形状和几何结构改进，增加管道直径以降低介质流速，采用流线型弯头，增加冲蚀部位壁厚，设置易更换的防冲板等。 (2)选材：以腐蚀为主导损伤的场合，仅仅提高金属的硬度，耐冲蚀能力不一定能得到明显提升，可采用耐蚀金属或合金，降低介质的腐蚀性，可采用硬度值高的材质，或增设耐磨衬里，或进行表面强化处理等	(1)壁厚测定：对高流速部位或怀疑部位采用超声检测或射线成像检测进行壁厚测定。 (2)红外检测：设备服役过程中检测耐火衬里有无减薄等损伤

续表

损伤风险	控制措施	监/检测方案
高温硫化物腐蚀（氢气环境）	(1)使用铬含量高的合金可降低腐蚀程度，300 系列不锈钢如 304L、316L、321 和 347 等，使用中未超温时耐蚀能力较强。 (2)优化工艺，降低氢分压	(1)监测工艺条件：现场测量并确认实际金属壁温有无超过设计温度，以及定期进行工艺模拟计算以确认硫化氢含量有无明显升高。 (2)测厚：条件允许时采用目视检测、超声波测厚和射线成像检测壁厚变化
二氧化碳腐蚀	300 系列不锈钢可有效抵抗二氧化碳腐蚀，同时应注意避免 300 系列不锈钢在现场焊接施工可能造成的敏化。400 系列不锈钢和双相不锈钢也具有良好的耐腐蚀性	(1)检测方法一般为目视和腐蚀部位壁厚测定，焊缝的腐蚀则应通过目视检测和焊缝尺进行检测。 (2)当腐蚀发生在内壁而只能从外部检测时，可用超声波自动扫查、导波检测或射线成像查找减薄部位，并对减薄部位进行壁厚测定。 (3)腐蚀发生时可能沿着管道底部表面、顶部表面，以及弯头和三通的紊流区，这些部位应重点检测

4

基于风险的检验实施

4-1 什么是基于风险的检验？基于风险的检验应如何实施？

基于风险的检验(Risk Based Inspection, RBI)技术是以追求特种设备系统安全性与经济性统一为理念，在对特种设备系统中固有的或潜在的危险进行科学分析的基础上，给出风险排序，找出薄弱环节，以确保特种设备本质安全和减少运行费用为目标，建立一种优化检验方案的方法。

RBI 中的风险分析分为定性风险分析、定量风险分析、半定量风险分析三种类型，这三种类型最基本的区别是输入、计算、输出的数据类型和详细程度不同。RBI 分析工作流程如图 4-1 所示。[10]

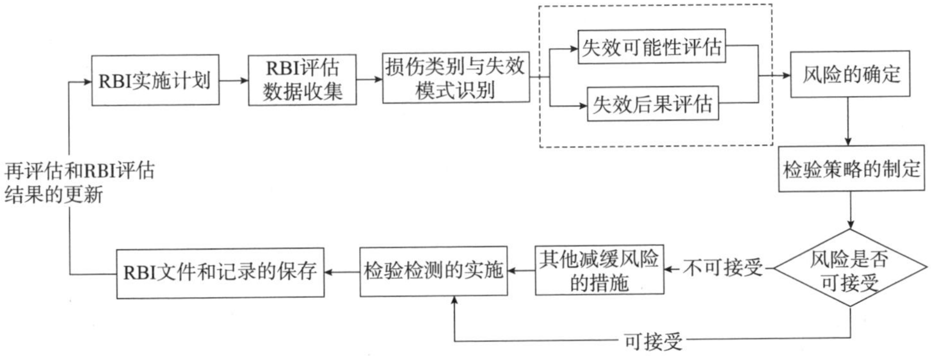

图 4-1 RBI 分析工作流程

4-2 基于风险的检验基础数据、信息来源应包括哪些？

基于风险的检验基础数据、信息来源可参考表 4-1 执行。

表 4 –1　数据、信息的来源

数据信息	来源
设计、工程记录与竣工资料	PID、PFD；管道单线图；设备竣工资料、出厂说明书；操作规程；设备、管道使用登记证及台账、安全阀台账；材料记录；工程质量评价或质量控制记录；采用的法规、标准；工厂布置图等
检验检测记录	监督检验报告；定期检验报告；年度检查报告；在线检测数据；定点测厚数据；评估过程中所需的实测数据；维修与更新记录等
工艺数据	流体成分分析；DCS、LIMS 数据；评估过程中所需的采样分析数据；物料平衡表；应急程序；工艺记录；管理变更记录；完整性操作窗口等
失效数据与事故调查	通用失效频率；行业失效数据；装置和设备失效分析报告；可靠性数据；运行中的泄漏及处理记录；事故调查报告
地理与气候条件	气象记录；地震活动记录

4 –3　失效可能性评估的一般方式是什么？

失效可能性分析方法分为定性和定量两种。定性分析方法应对工艺装置、单元、系统或设备、材料结构和腐蚀性介质等进行识别，并依据运行历史、未来的检测维护计划和可能的材料劣化等因素，可对任一装置、单元、系统、设备部件进行失效可能性分析。失效可能性的等级可以用失效可能性等级描述(如高、中、低)，也可用数字描述(如 5、4、3、2、1)。失效可能性计算一般是以设计寿命为基准的。剩余寿命是按照在役承压设备实际情况，依据今后服役的工艺条件，分析可能的损伤类别，以及已有缺陷与损伤的安全容限与扩展趋势，按相应的标准或工程经验确定。

4 –4　失效后果评估的一般方式是什么？

失效后果分析方法分为定性和定量两种。后果的定性分析方法包括确定工艺单元、腐蚀回路或设备、操作条件和操作介质带来的危险。可以对每一装置、工艺单元、腐蚀回路、设备部件单独估算失效后果。定性分析方法评估的失效后果等级可以用字母或文字描述(如 A ~ E 或高、中、低)并应与面积或费用等数值相联系。后果的定量计算因素包括介质类型、介质主要特性(相对分子质量、沸点、自燃温度、燃烧能、密度、毒性等)、工艺操作参数、事故的泄漏总量、失效模式及相应的泄漏孔尺寸、泄漏介质在周围环境中的相态等。

4-5 风险是如何确定和评价的?

总的风险是所有特定失效事件风险的总和，特定失效事件的风险计算公式为：

$$R = F \times C$$

式中　R——特定失效事件的风险；

F——特定失效事件发生的概率；

C——特定失效事件的后果。

风险可以用数值或如图 4-2 所示的风险矩阵表述。

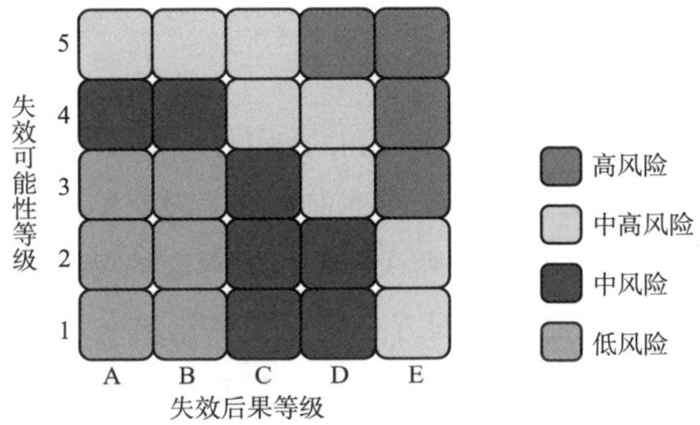

图 4-2　风险矩阵

4-6 风险检验的方法及其有效性分级和选取原则是什么?

检验方法应根据设备潜在的损伤模式确定，检测比例应根据损伤的严重程度确定，检测部位应选择损伤发生可能性最高的区域。如果实施在线检验，选择检测方法时，还应考虑从设备外部检测内部缺陷的能力和温度等操作条件对检验有效性的影响。首次检验时，不仅应对使用环境下可能发生的损伤实施检测，还应补充对制造、安装质量进行抽查。

检验有效性是对检验效果的定性分级评价，从高度有效到无效分为五个级别。影响检验有效性的因素有：检验类型、设备或部件的结构类型、损伤模式及失效模式、损伤速率或敏感性、检测方法和频次、受检区域的可检程度等。检验有效性分级见表 4-2。

表 4－2 检验有效性分级

检验有效性级别	描述
高度有效	某种检测方法准确识别某种损伤实际状态的置信度为 80%～100%
中高度有效	某种检测方法准确识别某种损伤实际状态的置信度为 60%～80%
中度有效	某种检测方法准确识别某种损伤实际状态的置信度为 40%～60%
低度有效	某种检测方法准确识别某种损伤实际状态的置信度为 20%～40%
无效	某种检测方法准确识别某种损伤实际状态的置信度小于 20%

对于高风险的设备，应采用中高度有效及以上级别的检测方法；对于中风险和中高风险的设备，应采用中度有效及以上级别的检测方法；对于低风险的设备可以采用低度有效及以上级别的检测方法。[11]

4－7 什么是腐蚀速率的定量计算？

通常来说，腐蚀速率应根据检测得到的厚度数据来计算。若有相应的现场检测数据，则以检测数据计算得出实际腐蚀速率。若没有检测数据，则可以通过计算得到腐蚀速率，计算的前提是先确认目的位置存在的腐蚀机理。腐蚀速率的计算结果是用于确定目的部位监/检测方案的重要依据之一。本书选取煤气化装置存在的连多硫酸应力腐蚀开裂、氯化物应力腐蚀开裂、碱式酸性水腐蚀、高温 H_2S/H_2 腐蚀、高温氧化、酸式酸性水腐蚀、盐酸腐蚀、冲刷腐蚀等八种最常见的腐蚀机理展开叙述。[12]

4－8 确定氯化物应力腐蚀开裂敏感性的定量计算方法是什么？

原料煤或添加剂中夹带的氯化物在气化反应中转化为 HCl、Cl_2 和碱金属氯化物的形式析出，干燥的氯化物不会造成材料的开裂，但这些氯化物溶于水后形成的氯离子会对不锈钢材料造成相对程度的腐蚀。尤其是一些仪表连接点、正常无流量或间歇流动、盲端死区等容易形成介质滞留的部位特别容易出现氯化物导致开裂的情况。

氯化物应力腐蚀开裂敏感性的分析程序可参照图 4－3 执行。详见 GB/T 26610.4—2022《承压设备系统基于风险的检验实施导则　第 4 部分：失效可能性定量分析方法》附录 D.11 部分。

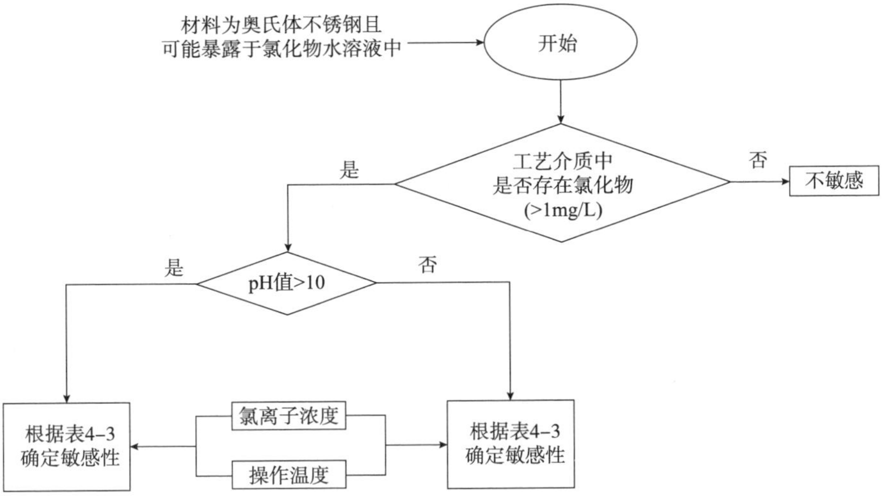

图 4 – 3　确定氯化物应力腐蚀开裂敏感性的程序

表 4 – 3　氯化物应力腐蚀开裂敏感性

温度/℃	pH 值≤10				pH 值 > 10			
	氯离子浓度/(mg/L)							
	1 ~ 10	11 ~ 100	101 ~ 1000	> 1000	1 ~ 10	11 ~ 100	101 ~ 1000	> 1000
≤38	低	低	低	中	无	无	无	无
38 ~ 66	低	中	中	高	低	低	低	低
66 ~ 93	中	中	高	高	低	低	低	低
93 ~ 149	中	高	高	高	中	低	低	中
> 149	高	高	高	高	中	中	中	高

4 – 9　确定连多硫酸应力腐蚀开裂敏感性的定量计算方法是什么?

含硫环境中使用敏化合金的均可能受到连多硫酸应力腐蚀开裂的影响，在气化装置气化炉激冷室内体现得尤为明显，不同的材料、不同的温度以及不同的焊接工艺所有装置均会影响开裂的敏感性。

连多硫酸应力腐蚀开裂敏感性的分析程序可参照图 4 – 4 执行。详见 GB/T 26610. 4—2022《承压设备系统基于风险的检验实施导则　第 4 部分：失效可能性定量分析方法》附录 D. 10 部分。

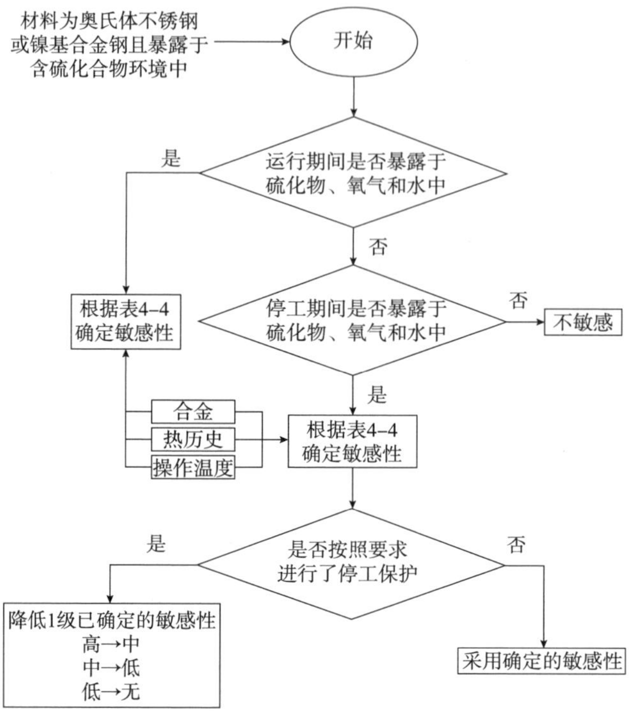

图 4 –4　确定连多硫酸应力腐蚀开裂敏感性的程序

表 4 –4　连多硫酸应力腐蚀开裂敏感性

材料	工艺运行温度≤427℃（敏化仅出现在焊接态条件）			工艺运行温度 >427℃（敏化可能发生在运行期间）		
	固溶	焊前稳定化处理	焊后稳定化处理	固溶	焊前稳定化处理	焊后稳定化处理
所有普通 300 系列不锈钢和 600、800 系合金	中	—	—	高	—	—
H 级 300 系列不锈钢	高	—	—	高	—	—
L 级 300 系列不锈钢	低	—	—	中	—	—
321 不锈钢	中	中	低	高	高	低
347 不锈钢、20 合金、625 合金、所有奥氏体堆焊层	低	低	低	中	低	低

4 –10　确定碱式酸性水腐蚀速率的定量计算方法是什么？

碱式酸性水腐蚀是指硫氢化铵水溶液造成的腐蚀，煤中的 S、N、H 等元素在高温高压反应中生成的H_2S、NH_3等物质溶于水便形成了典型的硫氢化铵水溶液环境，硫氢化铵随渣水、黑水、灰水流动，会对气化炉激冷室、渣水回收系统、合成气洗涤系统、灰水闪蒸系统等部位造成不同程度的腐蚀。

碱式酸性水腐蚀速率分析程序可参照图4－5执行。其中，硫氢化铵浓度或者K_p值的确定可参照表4－5执行。详见GB/T 26610.4—2022《承压设备系统基于风险的检验实施导则　第4部分：失效可能性定量分析方法》附录C.10部分。

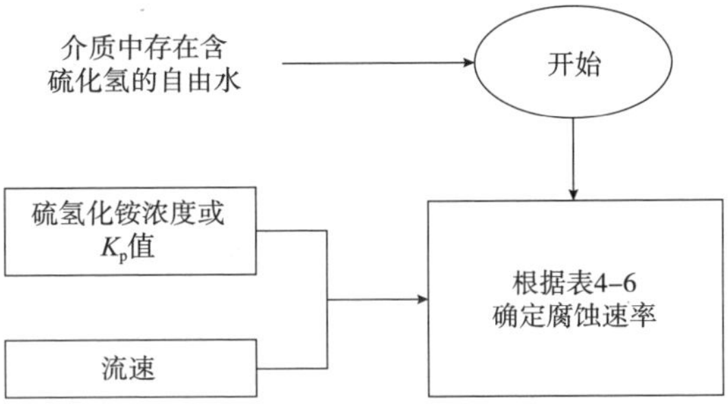

图4－5　确定碱式酸性水腐蚀速率的程序

表4－5　硫氢化铵浓度确定表

条件		NH_4HS浓度（质量分数）/%	K_p（摩尔分数）/%
用于进行酸性水分析的场合	H_2S含量<NH_3含量的2倍	H_2S含量的1.5倍	—
	H_2S含量≥NH_3含量的2倍	NH_3含量的3倍	—
用于还未进行酸性水分析的场合	—	—	H_2S含量与NH_3含量的乘积（干基）

表4－6　推荐的碱式酸性水腐蚀速率　　mm/a

K_p值	NH_4HS浓度（质量分数）/%	流速/（m/s）			
		<3.05	3.05～6.10	6.10～9.14	>9.14
0.07	<2	0.13	0.2	0.25	0.38
0.07～0.4	2～8	0.38	0.64	1.27	3.81
0.40～1.0	8～20	0.76	1.27	7.62	12.7
>1.0	>20	7.62	12.7	20.32	25.37

4-11 确定高温 H_2S/H_2 腐蚀速率的定量计算方法是什么？

高温硫的腐蚀是由煤中的硫化物在气化炉内燃烧形成的，H_2S 与 H_2 共同作用形成了典型的高温 H_2S/H_2 腐蚀环境。

高温 H_2S/H_2 腐蚀速率分析程序可参照图 4-6 所示执行。详见 GB/T 26610.4—2022《承压设备系统基于风险的检验实施导则　第 4 部分：失效可能性定量分析方法》附录 C.7 部分。

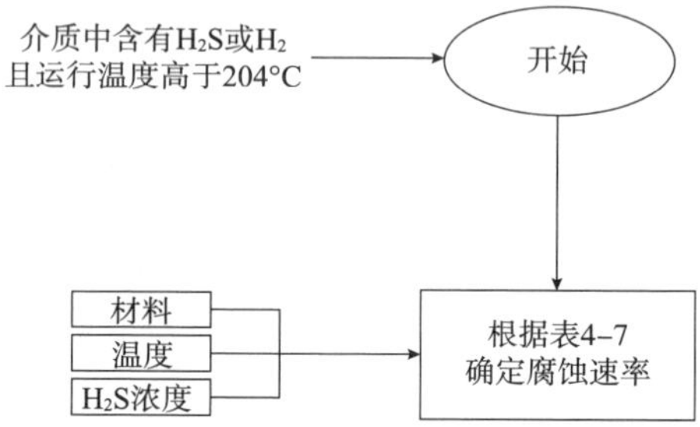

图 4-6　确定高温 H_2S/H_2 腐蚀速率的程序

4-12 确定高温氧化腐蚀速率的定量计算方法是什么？

煤气化装置高温氧化腐蚀集中出现于气化炉气化室内，在工艺烧嘴部位体现得尤为明显，高温高压的氧气对烧嘴造成明显的高温氧化腐蚀。德士古气化炉预混式烧嘴在满负荷工况下，一般使用寿命为 60 天左右，很难超过 90 天，而多喷嘴气化炉烧嘴实际运行周期一般在 80～90 天。[13、14]

高温氧化腐蚀速率分析程序可参照图 4-7 执行。详见 GB/T 26610.4—2022《承压设备系统基于风险的检验实施导则　第 4 部分：失效可能性定量分析方法》附录 C.12 部分。

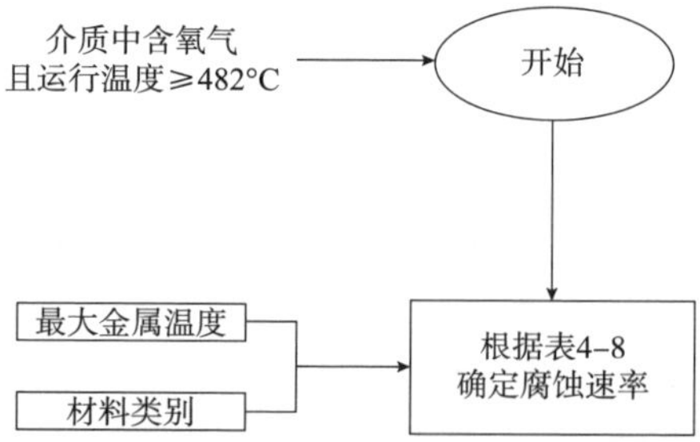

图 4-7　确定高温氧化腐蚀速率的程序

表 4－7　推荐的高温 H_2S/H_2 腐蚀速率

mm/a

H_2S 浓度	材料	温度/℃											
		218	246	274	302	329	357	385	413	441	468	496	524
0.002	碳钢、1.25/2.25Cr 钢	0.03	0.03	0.03	0.03	0.05	0.08	0.1	0.15	0.2	0.25	0.36	0.46
	5Cr－0.5Mo 钢	0.03	0.03	0.03	0.03	0.03	0.05	0.08	0.1	0.15	0.2	0.28	0.36
	7Cr 钢	0.03	0.03	0.03	0.03	0.03	0.05	0.08	0.1	0.15	0.2	0.25	0.33
	9Cr 钢	0.03	0.03	0.03	0.03	0.03	0.05	0.08	0.1	0.13	0.18	0.23	0.3
	12Cr 钢	0.03	0.03	0.03	0.03	0.05	0.08	0.1	0.13	0.15	0.23	0.28	0.36
	300 系列不锈钢	0.03	0.03	0.03	0.03	0.03	0.03	0.03	0.03	0.03	0.03	0.05	0.05
0.0035	碳钢、1.25/2.25Cr 钢	0.03	0.03	0.03	0.05	0.1	0.15	0.2	0.3	0.41	0.56	0.74	0.94
	5Cr－0.5Mo 钢	0.03	0.03	0.03	0.05	0.08	0.13	0.18	0.23	0.33	0.46	0.58	0.76
	7Cr 钢	0.03	0.03	0.03	0.05	0.08	0.1	0.15	0.23	0.3	0.41	0.53	0.71
	9Cr 钢	0.03	0.03	0.03	0.05	0.05	0.1	0.15	0.2	0.28	0.38	0.48	0.64
	12Cr 钢	0.03	0.03	0.03	0.03	0.05	0.08	0.1	0.15	0.2	0.28	0.36	0.46
	300 系列不锈钢	0.03	0.03	0.03	0.03	0.03	0.03	0.03	0.03	0.03	0.05	0.05	0.08
0.008	碳钢、1.25/2.25Cr 钢	0.03	0.03	0.05	0.08	0.13	0.18	0.28	0.38	0.53	0.74	0.97	1.27
	5Cr－0.5Mo 钢	0.03	0.03	0.05	0.05	0.1	0.15	0.23	0.3	0.43	0.58	0.79	1.02
	7Cr 钢	0.03	0.03	0.03	0.05	0.1	0.13	0.2	0.28	0.41	0.53	0.71	0.94
	9Cr 钢	0.03	0.03	0.03	0.05	0.08	0.13	0.18	0.25	0.36	0.51	0.66	0.86
	12Cr 钢	0.03	0.03	0.03	0.05	0.05	0.1	0.13	0.18	0.23	0.3	0.38	0.48
	300 系列不锈钢	0.03	0.03	0.03	0.03	0.03	0.03	0.03	0.03	0.05	0.05	0.08	0.08

续表

H_2S 浓度	材料	温度/℃											
		218	246	274	302	329	357	385	413	441	468	496	524
0.035	碳钢、1.25/2.25Cr 钢	0.03	0.05	0.08	0.13	0.23	0.33	0.48	0.69	0.97	1.3	1.7	2.21
	5Cr－0.5Mo 钢	0.03	0.05	0.08	0.1	0.18	0.25	0.38	0.56	0.76	1.04	1.37	1.78
	7Cr 钢	0.03	0.03	0.05	0.1	0.15	0.25	0.36	0.51	0.71	0.94	1.24	1.63
	9Cr 钢	0.03	0.03	0.05	0.1	0.15	0.23	0.33	0.46	0.64	0.86	1.14	1.5
	12Cr 钢	0.03	0.03	0.03	0.05	0.08	0.1	0.15	0.23	0.3	0.38	0.48	0.64
	300 系列不锈钢	0.03	0.03	0.03	0.03	0.03	0.03	0.03	0.03	0.05	0.08	0.08	0.1
0.08	碳钢、1.25/2.25Cr 钢	0.03	0.05	0.1	0.18	0.25	0.41	0.58	0.84	1.17	1.57	2.08	2.79
	5Cr－0.5Mo 钢	0.03	0.05	0.08	0.13	0.2	0.33	0.48	0.69	0.94	1.27	1.68	2.16
	7Cr 钢	0.03	0.05	0.08	0.13	0.2	0.3	0.43	0.61	0.86	1.17	1.52	1.98
	9Cr 钢	0.03	0.05	0.08	0.1	0.18	0.28	0.41	0.56	0.79	1.07	1.4	1.83
	12Cr 钢	0.03	0.03	0.03	0.05	0.08	0.13	0.18	0.25	0.33	0.43	0.56	0.69
	300 系列不锈钢	0.03	0.03	0.03	0.03	0.03	0.03	0.03	0.03	0.05	0.08	0.1	0.13
0.3	碳钢、1.25/2.25Cr 钢	0.05	0.08	0.15	0.25	0.38	0.58	0.86	1.22	1.68	2.29	3.05	3.81
	5Cr－0.5Mo 钢	0.03	0.08	0.13	0.2	0	0.48	0.69	0.99	1.35	1.83	2.41	3.05
	7Cr 钢	0.03	0.05	0.1	0.18	0.28	0.43	0.64	0.89	1.24	1.68	2.21	2.79
	9Cr 钢	0.03	0.05	0.1	0.18	0.25	0.41	0.58	0.81	1.14	1.55	2.03	2.54
	12Cr 钢	0.03	0.03	0.05	0.08	0.1	0.15	0.23	0.3	0.41	0.53	0.69	0.86
	300 系列不锈钢	0.03	0.03	0.03	0.03	0.03	0.03	0.03	0.03	0.08	0.1	0.13	0.15

续表

H_2S 浓度	材料	温度/℃											
		218	246	274	302	329	357	385	413	441	468	496	524
0.75	碳钢、1.25/2.25Cr 钢	0.05	0.1	0.18	0.28	0.43	0.66	0.97	1.37	1.91	2.54	3.3	4.32
	5Cr-0.5Mo 钢	0.05	0.08	0.13	0.23	0.36	0.53	0.79	1.12	1.52	2.06	2.79	3.56
	7Cr 钢	0.05	0.08	0.13	0.2	0.33	0.48	0.71	1.02	1.4	1.88	2.49	3.3
	9Cr 钢	0.03	0.08	0.1	0.18	0.3	0.46	0.66	0.94	1.3	1.73	2.29	3.05
	12Cr 钢	0.03	0.03	0.05	0.08	0.13	0.18	0.25	0.33	0.46	0.58	0.76	0.97
	300 系列不锈钢	0.03	0.03	0.03	0.03	0.03	0.03	0.03	0.05	0.08	0.1	0.13	0.15
1	碳钢、1.25/2.25Cr 钢	0.08	0.13	0.2	0.33	0.53	0.81	1.19	1.7	2.36	3.3	4.2	5.59
	5Cr-0.5Mo 钢	0.05	0.1	0.18	0.28	0.43	0.66	0.97	1.37	1.91	2.54	3.3	4.32
	7Cr 钢	0.05	0.08	0.15	0.25	0.41	0.61	0.89	1.24	1.73	2.34	3.05	4.06
	9Cr 钢	0.05	0.08	0.15	0.23	0.36	0.56	0.81	1.14	1.6	2.16	2.79	3.81
	12Cr 钢	0.03	0.05	0.08	0.1	0.18	0.25	0.33	0.46	0.64	0.81	1.07	1.35
	300 系列不锈钢	0.03	0.03	0.03	0.03	0.03	0.03	0.05	0.05	0.1	0.13	0.18	0.23

表 4 –8　推荐的高温氧化腐蚀速率　mm/a

最大金属温度/℃	材料类别									
	碳钢	1. 25Cr	2. 25Cr	5Cr	7Cr	9Cr	12Cr	304 不锈钢	309 不锈钢	310 不锈钢/HK	800 H/HP
482 ~ 510	0. 05	0. 05	0. 03	0. 03	0. 03	0. 03	0. 03	0. 03	0. 03	0. 03	0. 03
511 ~ 538	0. 1	0. 08	0. 03	0. 03	0. 03	0. 03	0. 03	0. 03	0. 03	0. 03	0. 03
539 ~ 566	0. 15	0. 1	0. 05	0. 03	0. 03	0. 03	0. 03	0. 03	0. 03	0. 03	0. 03
567 ~ 593	0. 23	0. 18	0. 1	0. 05	0. 03	0. 03	0. 03	0. 03	0. 03	0. 03	0. 03
594 ~ 621	0. 36	0. 3	0. 23	0. 1	0. 03	0. 03	0. 03	0. 03	0. 03	0. 03	0. 03
622 ~ 648	0. 56	0. 46	0. 36	0. 15	0. 05	0. 03	0. 03	0. 03	0. 03	0. 03	0. 03
649 ~ 677	0. 84	0. 76	0. 61	0. 38	0. 08	0. 03	0. 03	0. 03	0. 03	0. 03	0. 03
678 ~ 704	1. 22	1. 17	1. 04	0. 89	0. 15	0. 05	0. 03	0. 03	0. 03	0. 03	0. 03
705 ~ 732	—	—	—	1. 65	0. 43	0. 13	0. 08	0. 03	0. 03	0. 03	0. 03
733 ~ 760	—	—	—	—	0. 94	0. 28	0. 2	0. 05	0. 03	0. 03	0. 03
761 ~ 788	—	—	—	—	1. 52	0. 58	0. 38	0. 08	0. 05	0. 03	0. 03
789 ~ 816	—	—	—	—	—	1. 02	0. 76	0. 1	0. 08	0. 05	0. 05
817 ~ 843	—	—	—	—	—	1. 52	1. 27	0. 15	0. 1	0. 08	0. 08
844 ~ 871	—	—	—	—	—	—	—	0. 23	0. 15	0. 1	0. 1
872 ~ 899	—	—	—	—	—	—	—	0. 33	0. 2	0. 13	0. 15
900 ~ 927	—	—	—	—	—	—	—	0. 46	0. 25	0. 18	0. 2
928 ~ 954	—	—	—	—	—	—	—	0. 64	0. 33	0. 2	0. 25
955 ~ 982	—	—	—	—	—	—	—	0. 89	0. 41	0. 25	0. 33
983 ~ 1010	—	—	—	—	—	—	—	1. 22	0. 51	0. 33	0. 43
1011 ~ 1038	—	—	—	—	—	—	—	—	0. 76	0. 38	0. 53
1039 ~ 1066	—	—	—	—	—	—	—	—	1. 02	0. 48	0. 69
1067 ~ 1093	—	—	—	—	—	—	—	—	1. 27	0. 58	0. 84
1094 ~ 1121	—	—	—	—	—	—	—	—	—	0. 69	1. 04
1122 ~ 1129	—	—	—	—	—	—	—	—	—	0. 79	1. 27
1130 ~ 1177	—	—	—	—	—	—	—	—	—	0. 94	1. 52

4-13 确定冲刷腐蚀速率的定量计算方法是什么？

从腐蚀机理上看，煤气化装置与其他常见化工装置最为不同的是，由于气化装置是固体进料，受到煤炭固体颗粒冲刷的影响，存在较为严重的固体冲刷腐蚀情况。固体冲刷腐蚀的影响因素繁多，且针对不同部位的损伤计算方式均有不同，以下针对固体冲刷较为典型的直管、弯头、三通、变径的部位的损伤计算分别进行阐述。

（1）直管：

$$E_L = 2.5 \times 10^{-5} \times U^{2.6} \times m_p \times D^{-2}$$

式中 E_L——腐蚀速率，mm/a；

D——管道直径，m；

U——流体速度，m/s，$U = Q/3600 \times 4/3.14/D^2$，$Q$ 为流量，m^3/h；

m_p——固体颗粒的质量流量，kg/s，$m_p = W \times Q \div 3600000$，$W$ 为悬浮物含固量，mg/L。

（2）弯头：

$$E_L = m_p \times K \times F(\alpha) \times \sin(\alpha) \times U^n \times G \times C_1 \times C_{unit} \div \rho_t \div A_{pipe}$$

式中 E_L——腐蚀速率，mm/a；

α——特征冲刷角，与曲率半径相关，为便于计算可直接默认为60°；

m_p——固体颗粒的质量流量，kg/s，$m_p = W \times Q \div 3600000$；

K——材料常数，$(m/s)^{-n}$，对于碳钢，其数值为 2.0×10^{-9}；

$F(\alpha)$——金属延展性，$F(\alpha) = 9.37x - 42.295x^2 + 110.864x^3 - 175.804x^4 + 170.137x^5 - 98.398x^6 + 31.211x^7 - 4.170x^8$，系数 $x = \alpha \times \pi \div 180$；

U——流体速度，m/s，$U = Q/3600 \times 4/3.14/D^2$；

n——速度指数，默认数值为2.6；

G——粒子直径的修正系数，与颗粒密度、混合物的黏度、特征冲刷角、管道横截面积、管道内径等数据有关，计算较为复杂，为便于计算可直接默认为1；

C_1——模型几何因子，默认数值为2.5；

C_{unit}——单位转换系数（m/s→mm/a），$C_{unit} = 1000 \times 3600 \times 24 \times 365$；

ρ_t——目标材料的密度，kg/m^3，对于碳钢，其数值为7800；

A_{pipe}——管道横截面积，m^2，$A_{pipe} = 1 \div 4 \times 3.14 \times D^2$。

(3)三通：

$$E_L = m_p \times K \times U^n \times G \times C_1 \times C_{unit} \div \rho_t \div A_t$$

式中 E_L——腐蚀速率，mm/a；

m_p——固体颗粒的质量流量，kg/s，$m_p = W \times Q \div 3600000$，$W$ 为悬浮物含固量，mg/L；

K——材料常数，$(m/s)^{-n}$，对于碳钢，其数值为 2.0×10^{-9}；

U——流体速度，m/s，$U = Q/3600 \times 4/3.14/D^2$；

n——速度指数，默认数值为 2.6；

C_1——模型几何因子，$C_1 = 3 \div (\rho_p \div \rho_m)^{0.3}$，$\rho_p$ 为颗粒密度，ρ_m 为流体混合物密度，kg/m^3；

G——粒子直径的修正系数，与颗粒密度、混合物的黏度、特征冲刷角、管道横截面积、管道内径等数据有关，计算较为复杂，为便于计算可直接默认为 1；

C_{unit}——单位转换系数(m/s→mm/a)，$C_{unit} = 1000 \times 3600 \times 24 \times 365$；

ρ_t——目标材料的密度，kg/m^3，对于碳钢，其数值为 7800；

A_t——管道暴露于侵蚀的区域面积，m^2，$A_t = A_{pipe} \div \sin\alpha$，$A_{pipe}$ 为管道横截面积，m^2，$A_{pipe} = 1 \div 4 \times 3.14 \times D^2$。

(4)变径：

$$E_L = m_p \times K \times F(\alpha) \times U^n \times A_{ratio} \times C_2 \times C_{unit} \div \rho_t \div A_t$$

式中 E_L——腐蚀速率，mm/a；

α——特征冲刷角，与曲率半径相关，为便于计算可直接默认为 60°；

m_p——固体颗粒的质量流量，kg/s，$m_p = W \times Q \div 3600000$，$W$ 为悬浮物含固量，mg/L；

K——材料常数，$(m/s)^{-n}$，对于碳钢，其数值为 2.0×10^{-9}；

$F(\alpha)$——金属的延展性，$F(\alpha) = 0.78 \div \sin\alpha$；

U——颗粒冲击速度，m/s，$U = Q \div 3600 \times 4 \div 3.14 \div (D_1 \div D_2)^2$，$D_1$ 为大头直径，D_2 为小头直径；

n——速度指数，默认数值为 2.6；

A_{ratio}——小横截面面积与大横截面面积的比值；

C_2——粒径和流体密度修正因子，与颗粒直径、混合物密度有关，为便于计算可直接默认为 1；

C_{unit}——单位转换系数(m/s→mm/a)，$C_{unit}=1000\times3600\times24\times365$；

ρ_t——目标材料的密度，kg/m^3，对于碳钢，其数值为 7800；

A_t——粒子撞击面积，m^2，$A_t=\pi\div4\div\sin(\alpha)\times(D_1{}^2-D_2{}^2)$。[15]

4-14 确定酸式酸性水腐蚀速率的定量计算方法是什么?

煤气化装置各级闪蒸系统的气相组分中含有大量的 H_2S、CO_2 等酸性介质，在介质滞留、盲端或者保温伴热不良的区域可能凝结出液相，形成酸式酸性水腐蚀环境。酸式酸性水腐蚀速率的分析程序可参照图 4-8 执行。

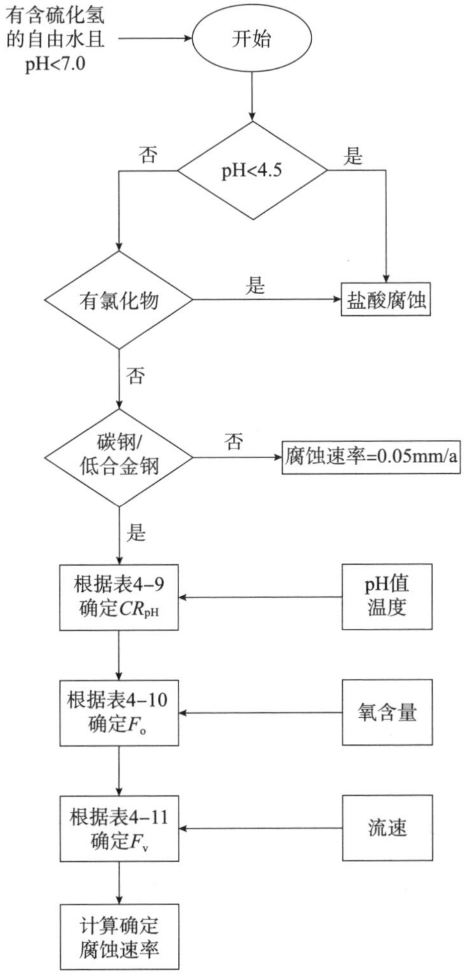

图 4-8　确定酸式酸性水腐蚀速率的程序

对于碳钢、低合金钢来说，腐蚀速率 $CR = CR_{pH} \times F_o \times F_v$，式中 CR_{pH} 为与 pH 值相关的腐蚀速率，查表 4 – 9 可得；F_o 为与氧含量相关的修正系数，查表 4 – 10 可得；F_v 为与流体流速相关的修正系数，查表 4 – 11 可得。

详见 GB/T 26610. 4—2022《承压设备系统基于风险的检验实施导则　第 4 部分：失效可能性定量分析方法》附录 C. 13 部分。

表 4 – 9　碳钢、低合金钢酸式酸性水腐蚀 CR_{pH} 参照表　　mm/a

pH 值	温度/℃			
	38	52	79	93
4. 75	0. 03	0. 08	0. 13	0. 18
5. 25	0. 02	0. 05	0. 08	0. 10
5. 75	0. 01	0. 04	0. 05	0. 08
6. 25	0. 01	0. 03	0. 04	0. 05
6. 75	0. 01	0. 01	0. 02	0. 03

表 4 – 10　酸式酸性水腐蚀 F_o 参照表

氧含量	F_o
不显著（$\leqslant 50 \times 10^{-3}$ mg/L）	1. 0
高（$> 50 \times 10^{-3}$ mg/L）	2. 0

表 4 – 11　酸式酸性水腐蚀 F_v 参照表

流体流速 v/(m/s)	F_v
$v < 1.83$	1. 0
$1.83 \leqslant v \leqslant 6.10$	$F_v = 0.82v - 0.5$
$v > 6.10$	5. 0

4 – 15　确定盐酸腐蚀速率的定量计算方法是什么？

在酸式酸性水的腐蚀环境中，当酸性物质足够多导致 pH 值低于 4. 5 或者酸性溶液中存在氯离子时，系统的腐蚀机理将会由酸式酸性水腐蚀转变为盐酸腐蚀。从某种意义上说，酸式酸性水腐蚀与盐酸腐蚀是相辅相成、共同存在的，或者说盐酸腐蚀是酸式酸性水腐蚀的一种特殊情况。

盐酸腐蚀速率分析程序可参照图 4－9 执行。详见 GB/T 26610.4—2022《承压设备系统基于风险的检验实施导则　第 4 部分：失效可能性定量分析方法》附录 C.5 部分。

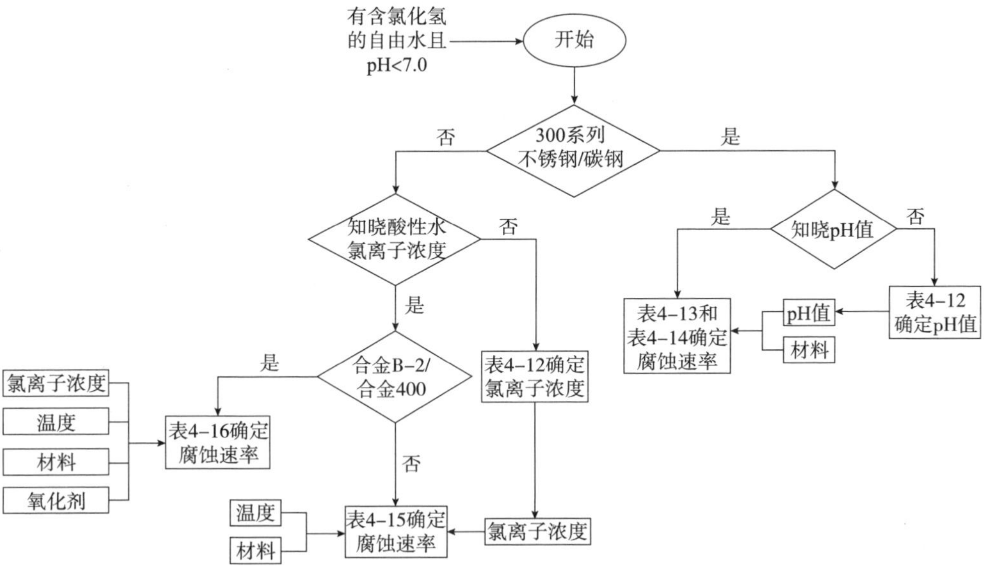

图 4－9　确定盐酸腐蚀速率的程序

表 4－12　氯离子浓度与 pH 值对应关系

氯离子浓度/(mg/kg)	pH 值
3601～12000	0.5
1201～3600	1.0
361～1200	1.5
121～360	2.0
36～120	2.5
16～35	3.0
6～15	3.5
3～5	4.0
1～2	4.5
<1	5.0

注：默认为没有碱性介质存在。

表 4-13　碳钢推荐的盐酸腐蚀速率　mm/a

pH 值	温度/℃			
	<38	38~66	67~93	>93
0.50	25.37	25.37	25.37	25.37
0.80	22.86	25.37	25.37	25.37
1.25	10.16	25.37	25.37	25.37
1.75	5.08	17.78	25.37	25.37
2.25	2.54	7.62	10.16	14.22
2.75	1.52	3.30	5.08	7.11
3.25	1.02	1.78	2.54	3.56
3.75	0.76	1.27	2.29	3.18
4.25	0.51	1.02	1.78	2.54
4.75	0.25	0.76	1.27	1.78
5.25	0.18	0.51	0.76	1.02
5.75	0.10	0.38	0.51	0.76
6.25	0.08	0.25	0.38	0.51
6.80	0.05	0.13	0.18	0.25

表 4-14　300 系列不锈钢推荐的盐酸腐蚀速率　mm/a

pH 值	温度/℃			
	<38	38~66	67~93	>93
0.50	22.86	25.37	25.37	25.37
0.80	12.70	25.37	25.37	25.37
1.25	7.62	12.70	17.78	25.37
1.75	3.81	6.60	10.16	12.70
2.25	2.03	3.56	5.08	6.00
2.75	1.27	1.78	2.54	3.05
3.25	0.76	1.02	1.27	1.65
3.75	0.51	0.64	0.76	0.89
4.25	0.25	0.38	0.51	0.64
4.75	0.13	0.18	0.25	0.30
5.25	0.10	0.13	0.15	0.18
5.75	0.08	0.10	0.13	0.15
6.25	0.05	0.08	0.10	0.13
6.80	0.03	0.05	0.08	0.10

表 4 –15 合金 825、20、625、C –276 推荐的盐酸腐蚀速率 mm/a

合金	氯离子浓度（质量分数）/%	温度/℃			
		<38	38 ~66	67 ~93	>93
合金 825 和合金 20	0. 50	0. 03	0. 08	1. 02	5. 08
	0. 75	0. 05	0. 13	2. 03	10. 16
	1. 0	0. 25	1. 78	7. 62	25. 37
合金 625	0. 50	0. 03	0. 05	0. 38	1. 91
	0. 75	0. 03	0. 13	0. 64	3. 18
	1. 00	0. 05	1. 78	5. 08	10. 16
合金 C –276	0. 50	0. 03	0. 05	0. 20	0. 76
	0. 75	0. 03	0. 05	0. 38	1. 91
	1. 00	0. 05	0. 25	1. 52	7. 62

表 4 –16 合金 B –2 和合金 400 推荐的盐酸腐蚀速率 mm/a

合金	氯离子浓度（质量分数）/%	温度/℃							
		<38		38 ~66		67 ~93		>93	
		有氧/氧化物存在吗							
		否	是	否	是	否	是	否	是
合金 B –2	0. 50	0. 03	0. 10	0. 03	0. 10	0. 05	0. 20	0. 10	0. 41
	0. 75	0. 03	0. 10	0. 03	0. 10	0. 13	0. 51	0. 51	2. 03
	1. 00	0. 05	0. 20	0. 13	0. 51	0. 25	1. 02	0. 64	2. 54
合金 400	0. 50	0. 03	0. 10	0. 08	0. 30	0. 76	3. 05	7. 62	25. 37
	0. 75	0. 05	0. 25	0. 13	0. 51	2. 03	8. 13	20. 32	25. 37
	1. 00	0. 48	1. 02	0. 64	2. 54	3. 81	15. 24	22. 86	25. 37

4 –16 失效后果的定量分析应如何开展?

失效后果的定量分析流程可以参照图 4 –10 执行。定量分析所需的基础资料通常包括工艺资料（工艺操作规程、PID、PFD、系统物料平衡表、介质种类、相对含量及相态等）、设备资料（设备类型、规格参数、材质、设计及操作参数、泄漏探测系统等）、安全泄放资料（安全泄放规格参数、设定压力、安装方式、泄放方式等）。

失效后果定量分析结果一般包括设备或部件失效后果定量分析所采用的基础数据、面积后果和经济后果、失效后果等级。[16]

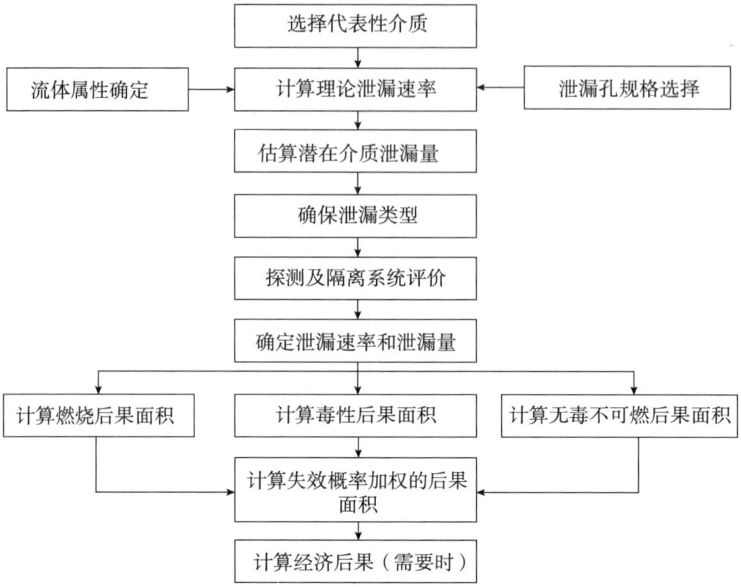

图 4－10　失效后果定量分析流程

5

腐蚀防护工程

5－1 什么是腐蚀防护工程？腐蚀防护工程有哪些要素？

腐蚀防护工程是在材料使用的工程实际中，运用已有的学科知识和相关技术，经济而又安全地防止或控制腐蚀发生、发展和带来的危害。腐蚀防护工程中的各要素及其关系见图5－1。[17]

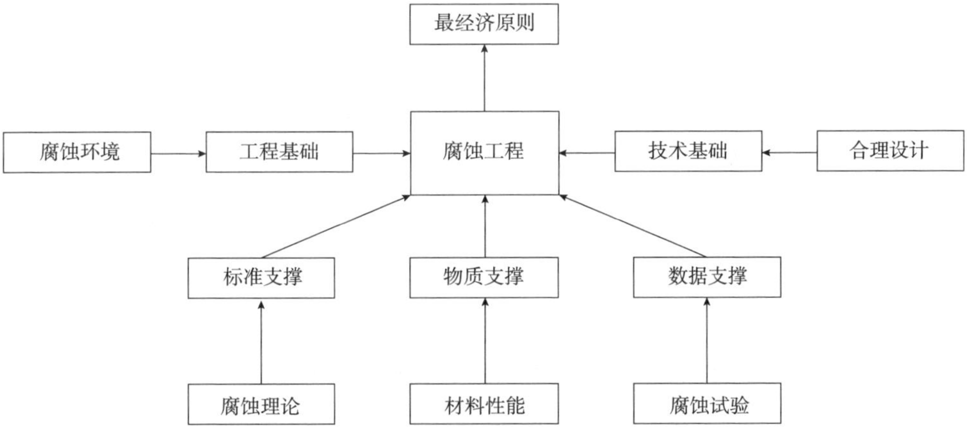

图5－1　腐蚀防护工程流程中各要素及其关系

5－2 腐蚀防护工程的基本内容包括什么？

根据腐蚀理论、防腐蚀技术和实际工程的发展，腐蚀防护工程的基本内容大致包括耐蚀材料工程、表面处理工程、环境处理工程、电化学保护工程、腐蚀失效分析和监测与评估工程等五方面。

5-3 腐蚀防护工程的特点是什么？

腐蚀防护工程具有学科的广泛性、长期性、前瞻性等特点。腐蚀防护工程符合法治化、标准化、规范化且最经济化等原则。同时，腐蚀防护工程“不直接”创造经济效益。

5-4 防腐蚀设计的一般原则是什么？

化工装置防腐蚀设计的核心原则是“材料为本、设计为纲、防护为辅、监测为补”，需在设计阶段预判腐蚀风险，通过多维度措施构建防护体系，最终实现安全性与经济性的统一。

5-5 防腐蚀施工过程应如何管理？

化工装置防腐蚀施工管理的核心是“标准先行、过程严控、闭环验收”，需通过技术交底、工序把关、检测验证三阶段管控，最终实现防腐层与设备同寿命的目标。施工方应建立可追溯的质量责任体系，确保每个环节责任到人。

施工前准备管理包括：①对防腐施工进行技术交底与方案审查；②材料的验收与储存；③对材料除锈、喷砂等表面处理质量的验收。

施工过程控制管理包括：①涂层、衬里等关键工序的按图施工与旁站监督管理；②环境参数记录与监控；③底漆、中间漆、面漆等多层防腐结构的隐蔽工程施工验收。

5-6 生产过程中的腐蚀管理应从哪些角度着手？

腐蚀管理应从以下几个角度着手开展：①材料选择与设计优化；②工艺流程控制；③防腐技术应用；④腐蚀监测与检测；⑤设备维护与维修；⑥员工培训与考核；⑦事故应急与改进。

5-7 什么是“一图、两表、一手册、一报告”？

在化工行业的腐蚀管理中，“一图、两表、一手册、一报告”是一种系统化的管理工具，旨在规范腐蚀防控流程、提升设备安全性和使用寿命。具体内容如下：

“一图”是指腐蚀风险分布图，可直观展示装置内不同区域的腐蚀风险等级、易腐蚀部位及腐蚀类型。

“两表”是指腐蚀分类检查表和工艺防腐监测分析表。分类检查表用于指导日常巡检和定期检查，确保腐蚀防控措施落实。工艺防腐监测分析表用于明确装置工艺防腐分析检测项目、分析频次、指标、分析标准等，完善工艺防腐监/检测体系。

“一手册”是指腐蚀控制手册，是化工企业腐蚀管理的综合性文件，主要包括工艺防腐流程图、腐蚀监/检测、工艺防腐控制等三方面内容。

“一报告”是指腐蚀月报，即腐蚀管理工作的阶段性总结。

6

煤气化装置工艺防腐

6－1 什么是工艺防腐？

工艺防腐是指通过原料优化，降低腐蚀性介质浓度，使加工原料符合装置设计值和现有材质耐蚀能力，不产生超设计的腐蚀风险，在满足生产工艺需要的同时，设定一定的生产运行参数界限，破坏主要腐蚀风险发生所需的反应条件，通过工艺参数调控和注水注剂等措施改变腐蚀环境，阻止或减缓腐蚀反应等，以实现对系统腐蚀的控制。

工艺防腐是一种从根源上消除腐蚀风险的技术措施，其核心原理是使用无腐蚀性的介质代替有腐蚀性的介质，或者将腐蚀性介质限制在安全条件下，进而避免腐蚀情况的出现。但这些技术措施仅从腐蚀防护的角度考虑，而没有考虑产品质量、收率、能耗等，因此在实际运行过程中，工艺防腐措施的理论指导与落实存在一定的偏差。

6－2 工艺防腐管理的组织架构应该如何搭建？

工艺防腐管理工作应由工艺技术主管领导全面负责，并对工艺防腐工作中的重大问题做出决策。工艺、设备、采购、质量等部门依据工作分工制定相应技术管理职责，具体职责可参照下文所述执行。

工艺技术管理部门职责：①负责本企业工艺防腐工作的归口管理。②负责贯彻执行上级管理部门有关工艺防腐工作的标准、规范、制度，结合本企业的具体情况制定工艺防腐管理制度与实施细则，并组织实施。③负责组织编制本企业生产装置工艺防腐技术方案，协调处理方案实施过程中遇到的问题，参与新改扩建项目中有关工艺防腐技术方案的审查。④负责对工艺防腐措施的实际应用效果进行跟踪、检查和考核，负责确定有关工艺防腐措施的监测项目、控制指标及分析频率，并根据防腐实际效果，及时对工艺防腐措施组织调整。⑤将工艺防腐管理规定相关内容纳入操作规程，组织编制并动态更新“一图(腐蚀回路图)、两表(分类检查表、监测分析表)、一手册(腐蚀控制手册)、一报告(腐蚀评价报告)”工艺防腐标准化管理文件，定期对工艺防腐管理工作情况进行检查、考核，并及时向主管领导和上级部门汇报；对生产出现异常而导致工艺指标异常进而造成设备腐蚀的情况，进行检查和考核。⑥组织开展工艺防腐技术攻关等专项工作，并积极组织工艺防腐新技术的开发应用和经验交流，不断提高工艺防腐技术管理水平。⑦建立健全工艺防腐助剂采购过程中的适应性评价与筛选，建立助剂效果考核机制。⑧配合设备管理部门开展腐蚀检查工作，并根据腐蚀检查结果及时优化工艺防腐措施。

设备管理部门职责：①认真贯彻执行上级部门有关工艺防腐管理工作的制度、标准和规范，配合工艺技术管理部门做好工艺防腐工作，参与“一图、两表、一手册、一报告”编制。②采用定点测厚、腐蚀在线监测等技术，对工艺防腐措施的实际应用效果进行检查和监督，及时将监测结果通报工艺技术管理部门。③负责检修期间的腐蚀检查工作，检查工艺防腐效果，并将腐蚀检查结果及时通报工艺技术管理部门。④负责工艺防腐设备设施维护和维修，确保完好运行。⑤配合工艺技术管理部门，参与工艺防腐方案和措施完善、异常工艺防腐数据分析、工艺防腐助剂和工艺防腐新技术的应用及效果评价，以及工艺防腐技术攻关等工作。

物资采购部门职责：①严格按照有关标准和上级部门关于工艺防腐助剂的管理要求，根据助剂采购计划和技术要求采购助剂。②负责组织助剂的质量验收工作，经验收合格的助剂要妥善保管。③工艺防腐助剂应及时采购到位，避免出现助剂中断，造成设备腐蚀。

质量检验部门职责：①执行工艺主管部门下达的工艺防腐分析计划，及时发布分析结果，对检验异常项目及时、主动进行反馈、沟通。②研究并确定工艺防腐相关项目的分析测定方法。

6-3 工艺防腐技术应该如何实施？

腐蚀管理应从源头抓起，即控制进装置原料煤的硫含量、氯含量、氮含量、氟含量、碱金属含量、水含量等，原则上不能超过设计值或设防值。当有特殊情况需短期、小幅超出设计值或设防值时，要辨识风险，制定并实施有针对性的工艺防腐措施，同时要加强薄弱部位的腐蚀监测和对工艺防腐措施实施效果的监督。装置应连续平稳操作，处理量应控制在设计范围内，超出该范围应请专业机构或单位核算，辨识腐蚀风险。

工艺技术管理部门应组织相关部门或专业机构和单位对工艺防腐措施必要性、经济性和可靠性进行评估，确定工艺防腐实施部位、操作方案和技术控制指标，工艺防腐措施的主要控制指标应纳入生产工艺考核。对每批进厂原料煤进行硫含量、氯含量、氮含量、氟含量、碱金属含量、水含量分析，根据原料性质及时调整工艺防腐方案，保证防腐效果。应加强分析日常工艺变动、工艺变更对腐蚀产生的影响。在技改技措项目尤其是在应用新工艺、新设备前期论证阶段应组织相关部门、专家进行防腐技术评估。

应加强装置腐蚀监/检测，评价工艺防腐实施效果，并为工艺防腐的调整提供依据。腐蚀监/检测方式包括在线监测(含电感探针、电化学探针、在线 pH 计、在线测厚等)、化学分析、定点测厚、腐蚀挂片、红外热成像检测、烟气露点检测、脉冲涡流扫查、超声导波检测等。如图 6－1 所示，对注入点前 300mm 或 3 倍管径(取二者最大值)范围内管段、注入介质直接冲刷部位、注入点下游 5m 内管段、注剂(水)支管靠近工艺主管道部位等位置实施定点测厚。必要时应对该部位整段管线进行全面检测，监测注入点是否引起腐蚀。推荐选用注水注剂专用喷头。

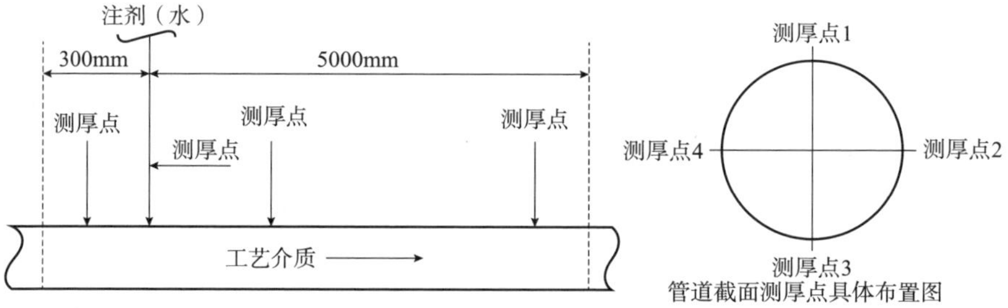

图 6－1　注剂(水)点测厚部位示意图

另外，还须加强装置开停工过程的腐蚀控制，在停工过程中可根据实际情况选择进行化学清洗还是钝化处理，防止装置停工检修期间发生 FeS 自燃和应力腐蚀开裂。在装置开停工或设备停运切出检修蒸汽吹扫过程中，带涂层换热器入口蒸汽温度不应超过涂层的最高许用温度，同时控制吹扫时间，避免涂层因蒸汽吹扫损坏。

6-4 煤气化装置工艺防腐管理的关键点是什么?

煤气化装置工艺防腐管理的关键是对源头的控制、过程的干预及动态的优化。源头控制体现在对原料煤质量的管控,过程的干预是指在装置易出现损伤的点位,诸如存在高温损伤的气化炉、存在低温腐蚀的“三水”系统及合成气初步洗涤,实施工况的控制、增设注水注剂等方式来抑制腐蚀情况的出现,最终根据实时监测与反馈适时地调整工艺参数。通过上述工艺措施的系统协同,可最大限度降低腐蚀风险,保障装置长周期安全运行。工艺防腐的具体控制内容大致可以分为以下三个方面。

(1)原料煤质量控制:优选低硫低氯原煤,源头上避免酸性气体的产生;控制灰分中碱金属含量,避免高温下生成低熔点硫酸盐,降低熔融灰渣对炉内材料的侵蚀风险。

(2)工艺参数优化控制:根据灰熔点调整气化温度,避免灰渣过熔导致腐蚀性成分随液态渣渗入耐火材料;维持氧煤比,抑制 H_2S 生成,避免过度缺氧导致 FeS 等硫化物的热解生成 H_2S;保障合成气系统合理的保温伴热,避免滞留区域的出现,减少酸性气体在金属表面的冷凝。

(3)工艺助剂的合理添加:气化装置工艺助剂包括用于固硫和降低灰熔点的煤进料添加剂、用于防止锅炉结垢的锅炉水添加剂、用于加速固体颗粒沉降而向沉降槽中加入的絮凝剂、用于防止灰水系统结垢而加入的分散剂、部分装置用于调节洗涤系统 pH 值的碱液、壳牌工艺用于防止 $CaCO_3$ 堵塞而添加的盐酸等。助剂添加的频次和数量应严格遵循设计要求,随装置运行负荷的变化而及时调整,避免因盲目抑制工艺过程而过度添加助剂。

6-5 常用的腐蚀产物分析方法有哪些?

常用的腐蚀产物分析方法有显微镜法(包括光学显微镜、电子显微镜、扫描电镜等)、X 射线衍射法、火焰光谱法、化学分析、电子探针、红外光谱、紫外/可见光谱、质谱分析等。

6-6 加强工艺防腐管理主要从哪些方面入手?

可以从以下几个方面着手加强对工艺防腐的管理:①各管理部门充分发挥作

用，强化职责和相互协调；②加强药剂管理；③工艺防腐蚀措施的运行管理；④改变工艺时要考虑设备的承受能力；⑤通过本厂和其他工厂的腐蚀案例发现存在工艺问题时，应尽快分析，必要时制定相应措施；⑥检查与考核。

6－7 煤气化装置工艺防腐控制指标通常有哪些？

目前国内没有成熟的、用于指导煤气化装置进行工艺防腐技术管理的国家标准、行业规范，大部分煤化工企业工艺指标的制定仅涉及产品质量、收率、能耗等维度，尚未对腐蚀防护工艺指标进行设定与控制，也并没有开展长周期取样化验及质量跟踪。因此导致了在工艺防腐领域，煤化工企业不知道要做什么、如何做、什么时候做。这也是目前煤化工企业在腐蚀防护方面面临的重大问题之一。

基于上述的行业现状，本书参考了部分煤化工企业实际运行过程中的工艺卡片、设计指标、物流参数等资料，并参照中石化推荐的控制指标，规定了煤气化装置工艺防腐控制指标（详见表6－1），煤化工企业可以参考选用。

表6－1　煤气化装置工艺防腐控制指标

序号	样品	项目	单位	指标
1	入炉原料煤	内水	%（质）	≤10
		灰分	%（质）	≤12
		挥发分	%（质）	≥26
		硫	%（质）	0.5～5.0
		氯＋氟含量	mg/L（质）	≤500
2	灰水	pH值	—	7～9
		悬浮物	mg/L	＜150
		氨氮	mg/L	＜500
		Cl^-	mg/L	＜500
		COD	mg/L	＜600
		$Ca^{2+}+Mg^{2+}$	mg/L	＜1200
3	黑水	pH值	—	5.5～6.5

6-8 煤气化装置化验分析监测计划应该如何制订？

煤气化装置化验分析监测计划应按照表6-2的数据进行制订。

表6-2　化验分析监测数据表

序号	分析介质	分析项目	单位	最低分析频次
1	原料煤	硫	%(质)	1次/日
		氯+氟含量	mg/L(质)	1次/日
		内水	%(质)	1次/日
		灰分	%(质)	1次/日
		挥发分	%(质)	1次/日
2	低压灰水	pH值	—	1次/日
		Cl^-含量	mg/L	1次/周
		硫化物	mg/L	1次/日
		CN^-含量	mg/L	1次/周
		氨氮	mg/L	1次/周
		总固体	mg/L	1次/日
		酸值	mgKOH/g	1次/日
3	粗合成气	氮氧化物	%	1次/日
		SO_2	%	1次/日
		硫化氢	%	1次/日
		HCl	mg/m^3	1次/日
		NH_3	mg/m^3	1次/日
4	黑水	pH值	—	1次/日
		Cl^-含量	mg/L	1次/周
		硫化物	mg/L	1次/日
		CN^-含量	mg/L	1次/周
		氨氮	mg/L	1次/周
		总固体	mg/L	1次/日
		酸值	mgKOH/g	1次/日

续表

序号	分析介质	分析项目	单位	最低分析频次
5	高压灰水	pH 值	—	1 次/日
		Cl^- 含量	mg/L	1 次/周
		硫化物	mg/L	1 次/日
		CN^- 含量	mg/L	1 次/周
		氨氮	mg/L	1 次/周
		总固体	mg/L	1 次/日
		酸值	mgKOH/g	1 次/日
6	酸性气	氮氧化物	%	1 次/日
		SO_2	%	1 次/日
		硫化氢	%	1 次/日
		HCl	mg/m^3	1 次/日
		NH_3	mg/m^3	1 次/日

7

煤气化装置材质选用

7-1 煤气化装置材质选用的原则是什么？

煤气化装置选材通常以碳钢和不锈钢为主，洗涤塔、分离器、闪蒸罐等塔罐设备主体材质为碳钢/铬钼钢+316复合。黑水、灰水、渣水等“三水”系统中的设备和管道选材时应以氯离子浓度和操作温度为主要依据，有数据表明，在氯离子浓度≤800μg/g、pH≥5.5、温度150~250℃的煤气化黑水介质条件下，304L的氯化物应力腐蚀敏感性较低。随着氯离子浓度的升高，可以依次选用316L、2205和2507型钢。在“三水”系统的高流速部位，如高压闪蒸角阀、弯头、三通、泵出口管道等冲蚀磨损严重，可以采用陶瓷衬里或硬质合金，同时在结构设计上尽量减缓固体颗粒对设备或管道的磨损。

（1）高温临氢腐蚀工况下选材原则：在煤气化装置中，有比较多的设备处于高温工况，其内部介质含 H_2 和 H_2S 气体，选材步骤应首先根据Nelson曲线来确定设备的主体材料，以避免高温氢腐蚀。其次确定复合层材料，减少高温 H_2S 腐蚀。具体方法为，根据容器的操作温度和硫化氢物质的量浓度选取Couper-Gorman曲线，确定在该条件下材料的腐蚀速率，再根据容器的设计使用寿命来选定材料。目前煤气化装置生产设备选择的制造材料主要为铬钼钢，包括15CrMoR、14Cr1MoR及12Cr2Mo1R。选材的依据主要有两个：一是引进工艺包中的推荐材料；二是相同装置同类设备的使用经验。根据操作温度、介质的含氢量、铬钼钢自身的特点等，对铬钼钢提出相应要求。

（2）酸性介质工况下选材原则：酸性介质工况下的选材主要考虑湿硫化氢腐蚀工况和 CO_2 输送粉煤工艺段。湿硫化氢腐蚀工况的选材须符合相关标准要求，优先选用强度级别较低的碳素钢或低合金钢。CO_2 输送粉煤工艺段目前国内普遍采用内衬奥氏体不锈钢的方案。另外，灰水单元低压闪蒸气管线也建议升级为不锈钢材质。

(3)处理固相介质时耐磨件选材原则：处理固相介质时，磨损的减缓不仅要考虑材料的耐磨性能，更要综合考虑设备结构特征和操作方式对磨损的影响，具体包括：在磨损严重处，如渣料罐的下锥段，采用硬质合金减缓磨损；在处理粉煤和灰的碳钢和不锈钢容器中，如粉煤储罐、粉煤放料罐、粉煤给料罐的下锥段，煤和灰的进口、出口及锥段的缩径处应设计一定的磨蚀裕量；在处理粉煤和灰的容器出口处，如粉煤储罐、粉煤放料罐、粉煤给料罐的出口，为减缓磨损应在结构上设置通气锥和通气板。[18]

7-2 煤气化装置材质选用应参照什么标准实施？

与工艺防腐管理面临的问题相同，煤气化装置在材质选用方面也没有已经形成体系的标准和规范可以参照。目前大多数企业通常参照 SH/T 3075《石油化工钢制压力容器材料选用规范》、SH/T 3059《石油化工管道设计器材选用规范》、SH/T 3096《高硫原油加工装置设备和管道设计选材导则》、SH/T 3129《高酸原油加工装置设备和管道设计选材导则》、SH/T 3193《石油化工湿硫化氢环境设备设计导则》等导则和规范进行选材。

7-3 湿硫化氢环境下应如何选材？

处于含硫化氢和液相水环境的设备会受到湿硫化氢破坏，典型的部位包括酸性气系统、除氧器系统、壳牌气化酸性灰浆汽提塔顶冷凝冷却系统等。选用材料的要求包括：①材料标准规定的屈服强度≤355MPa；②材料实测的抗拉强度≤630MPa；③材料适用状态应为正火、正火 + 回火、退火或调质状态；④对于低碳钢和碳锰钢，碳当量应≤0.40%，对于低合金钢(包括低温镍钢)，碳当量应≤0.45%；⑤管道需经焊后热处理，热处理后焊缝(含热影响区)的硬度不应大于HB200；⑥厚度大于 20mm 的钢板应按 JB/T 4730.3 进行超声检测，质量等级不应低于Ⅱ级；⑦材料应选用镇静钢，如 20、Q245R、Q345R 等。

7-4 高压氧气进料管线应如何选材？

气化炉烧嘴的高压氧气进料线选材要求包括：①氧气管道材料的选用应综合考虑管道的压力、温度和流速，如碳钢、不锈钢和镍基合金等材料；②管道宜选用无缝钢管，管件宜选用无缝对焊管件；③阀门选用全通径阀门，但其操作状态应为全开或全关，不得使其处于半开半关状态；并且切断阀操作过程中两端压差不能过大，阀门宜用法兰连接；④垫片宜选用带内环的聚四氟乙烯缠绕式垫片；⑤阀门填料不宜选用易脱落碎屑、纤维的材料或可燃的材料，而宜选用聚四氟乙烯材料；⑥三通宜选用等径三通；⑦氧气管道、管件、阀门等应进行脱脂处理。

7-5 高温氢气和硫化氢共存环境下应如何选材?

高温氢气和硫化氢共存环境：处于高温(240℃以上)氢气和硫化氢共存环境的压力容器用钢会产生硫化氢腐蚀，典型的损伤部位为气化炉的气化室。图7-1为在碳钢和5Cr钢中，根据容器的操作温度和硫化氢浓度(摩尔分数)查取相应钢材的腐蚀率的曲线，依据图中查到的腐蚀速率并结合容器的设计使用寿命，便可以确定设备的腐蚀裕量。当腐蚀裕量超过6mm/a或对腐蚀产物有限制时，应选用耐蚀性能更好的材料。由图7-1可知，在相同工况下，介质对5Cr钢的腐蚀速率远小于碳钢。

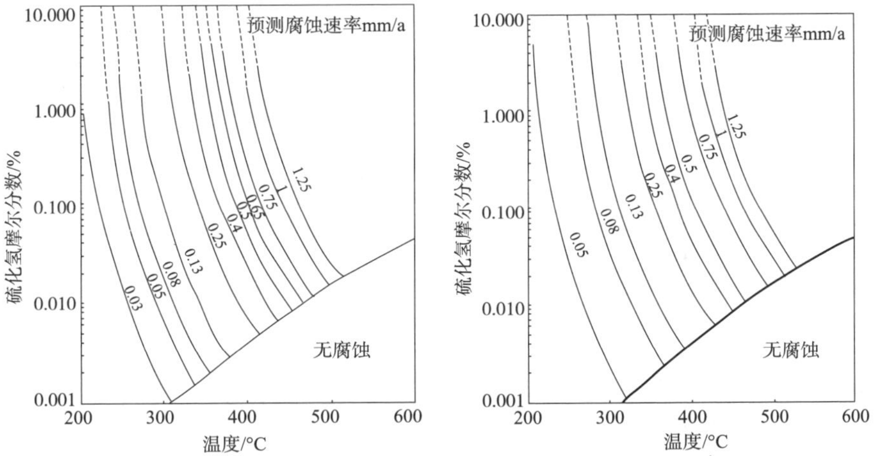

(a)碳钢 (b)5Cr钢

图7-1 高温氢气和硫化氢共存时对碳钢和5Cr钢的腐蚀曲线

7-6 高温高压临氢环境下应如何选材?

高温高压临氢环境：处于高温(200℃以上)高压的氢气会对压力容器钢材造成氢腐蚀，氢腐蚀的典型损伤部位为气化炉的气化室。通常临氢压力容器用钢应根据容器的操作温度加28℃和操作分压，从图7-2中选定。图7-2是依据Nelson曲线的实际经验绘制的，通常来说，图中相应材质曲线以下的工况为该材质适用的工况。

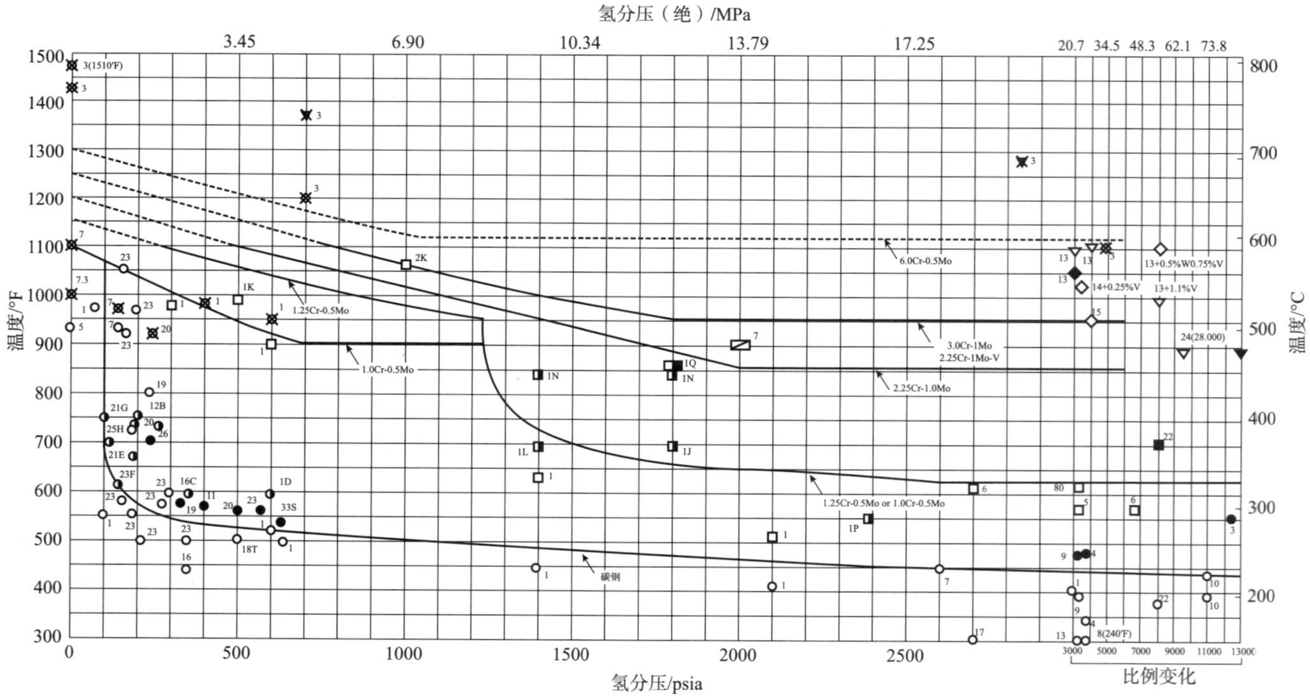

注：1.本曲线给出的极限是基于GA.Nelson最初收集的操作经验和API征集的补充资料。
2.奥氏体不锈钢在任何温度条件下或氢压下不会脱碳。
3.本曲线给出的极限是基于铸钢及退火钢和正火钢采用ASME规范第VII篇第1分篇应力值水平，补充资料见AP1941-2008第5.3节和第5.4节。
4.曾报道1.25Cr-1MoV钢在安全范围内发生着干裂纹，详见API941-2008附录B。
5.包括2.25Cr-1MoV级钢是建立在10000h实验室的试验数据，这些合金至少等于3Cr-1Mo钢性能，详见AP1941-2008中相关内容。

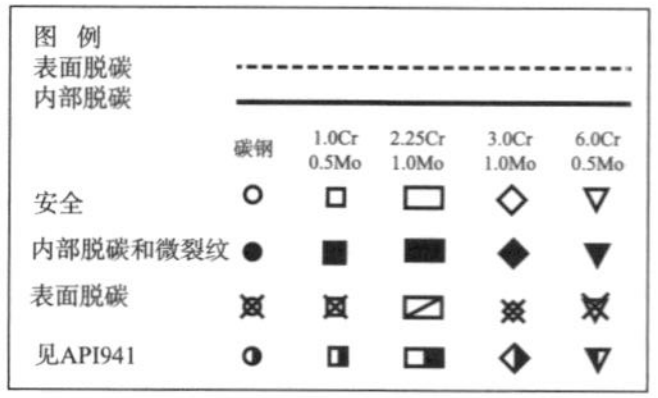

图7－2 临氢作业用钢防止脱碳和微裂的操作极限

7－7 煤气化装置关键部位的材质应如何选用？

基于上述选材原则，本书将四种气化工艺中的典型设备的推荐选材方案列于表7－1中，煤化工企业可以参考选用。

表7－1 煤气化装置选材推荐方案

序号	设备	部位	材质
1	德士古气化炉	激冷室壳体	SA387 Gr11 + S31603
		燃烧室壳体	SA387 Gr11
		激冷环、下降管	Incoloy825
	壳牌气化炉	壳体	SA387 Gr11
		水冷壁管束	15CrMo
	航天气化炉	激冷室壳体	14Cr1MoR + S31603
		燃烧室壳体	14Cr1MoR
	多喷嘴气化炉	激冷室壳体	SA387 Gr11 + S31603
		燃烧室壳体	SA387 Gr11
		气泡分割器	S31603
2	渣锁斗	壳体	Q345R + S31603
		锁斗循环线、渣水线	S30403
3	高压闪蒸罐 高压闪蒸分离器	壳体、封头	Q345R + S31603
		罐底出口管线	20
		罐顶出口管线	S30403
4	低压闪蒸罐 真空闪蒸罐	壳体	Q345R + S31603
		罐底出口管线	20
		罐顶出口管线	L245
5	沉降槽 灰水槽	壳体	Q235B + 内部防腐衬里
		出口管线	L245
6	洗涤塔	筒体、封头	15CrMoR + S31603
		塔盘	S31603
		塔顶出口管线	20 + Incoloy825
7	文丘里洗涤器	筒体、封头	15CrMoR + S31603
8	激冷水过滤器	筒体	Q345R + S31603

续表

序号	设备	部位	材质
9	灰水加热器	灰水侧	Q345R + 堆焊 S31603
		酸性气侧	Q345R + S30403
10	高压氧气管线	调节阀之前	S30408
		调节阀之后	Inconel600
11	旋风分离器	壳体	14Cr1MoR
		渣室冷却室	14Cr1MoR + S31603
12	蒸发热水塔	塔盘、壳体	Q345R + S32168

7－8 煤气化渣锁斗锥体材质应如何升级?

渣锁斗锥体内介质为黑水，以冲刷腐蚀为主，同时伴随着碱式酸性水腐蚀、二氧化碳腐蚀、氯化铵腐蚀。无论哪种工艺技术，锁斗锥体的腐蚀问题均是不可避免的。该部位由于长时间经历不规则形状煤渣的冲刷，形成由上至下的沟壑状腐蚀，且在锁斗变径截面位置腐蚀情况最为严重。同时煤气化反应会生成硫化氢、二氧化碳、氨气等气体，部分气体会随着煤渣进入锁斗系统，形成碱式酸性水的腐蚀环境，同时伴随着冲刷腐蚀。因此锁斗设备本体及下部短接要比破渣机或静态破渣器和锁斗之间短接的腐蚀情况严重。从设计上控制，可以适当地增加锥体壁厚，从而达到延长使用周期的目的；也可以采用添加耐磨玻璃钢或者陶瓷衬里，提高锥体部位的耐磨性；还可以在锥体部位焊接凹槽，在下锥体部位堆渣，避免降落的熔渣直接与锥体表面接触，从而控制腐蚀的发生。

目前德士古工艺采用图 7－3 所示的方式对锁斗结构进行改造，以期能减小介质冲刷造成的腐蚀。从图中可见，在锥体底部布置一圈加强筋板，可有效降低高流速介质自上而下造成的冲刷，避免腐蚀性介质在锁斗底部堆积，同时也可以实现增加锁斗底部厚度的目的。这一设计变更从腐蚀防护的角度是可行的，但应注意对加强筋板上部锁斗锥体区域的腐蚀减薄情况进行周期性监控。而壳牌工艺则选择按图 7－4 所示的方式进行变更，即在锁斗外部增设椭圆封头，封头内衬水玻璃耐酸混凝土填充料，即在原有的锁斗锥体外增设一道保护屏障，即使原有锥体腐蚀失效，也不至于将腐蚀介质外漏于大气环境。以上无论哪种结构改造，其核心目的均是提高锁斗锥体部位厚度以降低冲蚀造成失效的可能性。

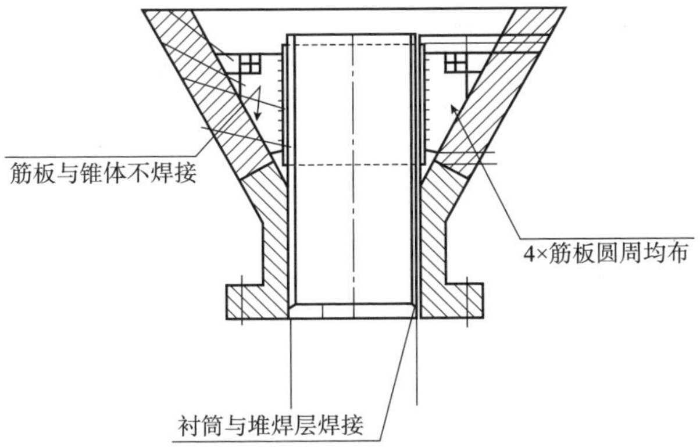

图 7－3　德士古渣锁斗结构改造图

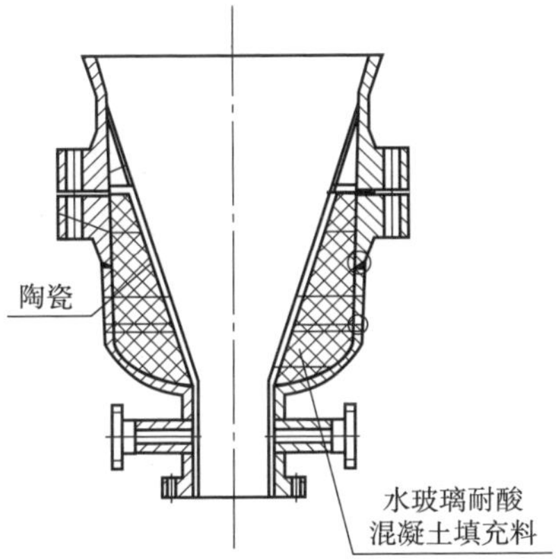

图 7－4　壳牌渣锁斗结构改造图

7－9 壳牌煤气化装置盐酸注剂点材质应如何选用？

壳牌工艺设计中为了防止 $CaCO_3$ 沉积堵塞，在酸浆和灰浆系统中设置了盐酸的注入，注剂点位的布置可参考图 7－5。在原始设计中，盐酸管线及注入点下游 1m 内的管道材质选用哈氏 C 合金。哈氏合金是一种镍基耐腐蚀合金，具有良好的抗腐蚀性和热稳定性，多用于航空事业、化学领域等。哈氏 C 合金属于 Ni－Cr－Mo 系镍基合金，在氧化性和非氧化性酸中都具有很好的耐蚀性。通过在哈氏 C 合金基础上控制碳（<0.02%）和硅（<0.08%）的含量研发出了哈氏 C－276 合金，它是现代金属材料中最耐蚀的一种，无论在氧化性或还原性条件下，以及存在卤素离子时都具有很好的耐蚀性。[19]

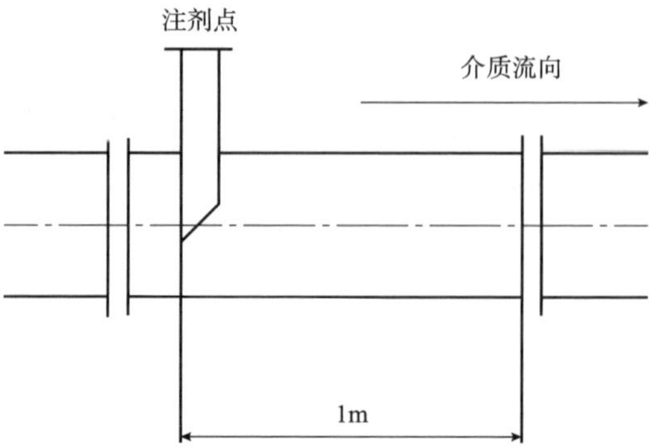

图 7－5　盐酸注入点示意图

但部分装置在实际运行过程中，该部位出现过较为严重的腐蚀泄漏，究其原因，可能是常温的盐酸注入系统中，系统运行温度为 80℃以上，具有强挥发性的盐酸注入后，瞬间呈沸腾状态，在沸腾状态的浓盐酸中，C－22、C－276 和 C－2000的腐蚀速率均大于 2. 5mm/a，[20] 因此可能该部位选择使用哈氏合金材质并不合适。而将盐酸管线(包括注入点)的哈氏合金材料更换为 20 钢内衬聚四氟乙烯材质后腐蚀泄漏情况消除。

8

腐蚀监/检测管理

8-1 化工装置常用的腐蚀监/检测方法有哪些?

化工装置常采用的腐蚀监/检测方法包括定点测厚、腐蚀在线监测、腐蚀介质监测分析、腐蚀产物分析、装置停工腐蚀检查、腐蚀挂片监测、无损检测、氢通量腐蚀监测、烟气露点监测和内窥镜检查等。

8-2 有哪些常用的腐蚀在线监测方法?其有效性如何?

根据失效部位损伤类型的不同,常用的腐蚀监测方法有腐蚀挂片、电阻探针、壁厚监测系统、氢通量监测、红外热成像监测、在线声发射监测、Fe 离子监测等。然而所有监测方法均各有利弊,且仅针对特定损伤形态有效,表 8-1 列举了装置在线监测方法及其针对不同损伤形态的有效性(对于有效性的描述详见表 4-2),煤气化企业可参考选用。

表 8-1 在线监测方法及检验有效性[a]

监测方法	损伤形态							
	局部减薄	均匀减薄	点蚀/孔蚀	表面裂纹	近表面裂纹	埋藏裂纹	隔热衬里脱落	氢鼓泡或高温氢腐蚀造成的鼓泡
腐蚀挂片	3, X	2, 3	3, X	X	X	X	X	X
电阻探针	3, X	1, 2, 3	2, 3	X	X	X	X	X
壁厚监测系统	2, 3	1, 2, 3	3, X	X	X	X	X	X
Fe 离子监测	3, X	1, 2, 3	X	X	X	X	X	X
氢通量监测	2, 3, X	2, 3, X	2, 3, X	X	X	X	X	2, 3[c]

续表

监测方法	损伤形态							
	局部减薄	均匀减薄	点蚀/孔蚀	表面裂纹	近表面裂纹	埋藏裂纹	隔热衬里脱落	氢鼓泡或高温氢腐蚀造成的鼓泡
红外热成像监测	3，X	X	3，X	X	X	X	1，2	X
在线声发射监测	3，X	X	X	2，3[c]	2，3[b]	2，3[b]	X	3，X[b]

注：1为高度有效，2为中高度有效，3为中度有效，X为低度有效或无效。

[a] 本表所列监测方法可以直接发现对应的损伤形态；其他通过监测相关数据推断潜在损伤的方法（例如设备的状态监测，包括pH值、压力、温度、振动等参数的监测方法）可以与本表中的方法相互结合判定设备是否存在相关损伤，其检验有效性参考该方法的有效性。

[b] 针对活性裂纹。

[c] 仅适用于高温氢腐蚀引起的鼓泡。

8-3 什么是腐蚀挂片监测方法？

利用装置停工检修时机，在装置设备内部重点腐蚀部位安装腐蚀挂片，待运行一个生产周期，装置再次停工检修时取出，测量挂片腐蚀失重情况，计算腐蚀速度，这种方法被称为现场腐蚀挂片监测。腐蚀挂片监测主要用于设备选材研究，也可作为其他腐蚀监测数据比较的基础。

8-4 什么是腐蚀在线监测技术？

腐蚀在线监测技术通常包括腐蚀在线监测探针及在线测厚，主要针对设备、管道的均匀腐蚀和大面积局部腐蚀问题。然而，对于点蚀穿孔、腐蚀开裂以及材质性质的改变等腐蚀或损伤问题不宜采用上述技术进行监测。

8-5 什么是腐蚀探针？腐蚀探针系统有什么作用？

腐蚀探针是一种用于监测金属材料在特定环境中的腐蚀速率和腐蚀过程的设备，其通过监测探针自身的减薄来反映设备管道的腐蚀状况，目前常用的有电阻探针、电感探针及电化学探针三种。

电阻探针是通过测量金属元件在工艺介质中腐蚀时的电阻值的变化，计算金属在工艺介质中的腐蚀速率。电感探针是通过测量金属/合金敏感元件周围的线圈因敏感元件腐蚀而引起的阻抗变化来反映腐蚀速率，精度较电阻探针高。电化学探针是通过线性极化与弱极化相结合的手段来测量腐蚀电流密度，可直接测量介质的腐蚀速率，不需要腐蚀的积累，适用于电解质腐蚀体系。腐蚀在线监测探针推荐用于低温部位的腐蚀监测，高温高压或临氢部位应谨慎使用。腐蚀在线探针的材质应与被监测设备、管道材质等级一致。腐蚀在线探针原则上应该安装在介质腐蚀性较强的部位。在确定选点部位后，应委托设计部门对开孔、布线进行设计，由专业单位进行安装调试，避免探针使用中出现安全风险及监测数据读取困难等问题。

8－6　什么是在线测厚？在线测厚系统有什么作用？

在线测厚是采用超声波测厚的方法对设备管道剩余壁厚进行监测，监测数据自动上传至服务器并自动或手动计算腐蚀速率。该技术在监测高温、高压、高空及临氢等环境下设备管道的剩余壁厚方面具有明显优势。在线测厚探头宜采用螺柱焊接或卡箍安装方式，应保证探头与被测表面耦合良好。

8－7　煤气化装置腐蚀在线监测系统应如何管理？

煤化工企业应结合装置实际情况制定在线监测系统布点方案(具体的布点方案可根据工艺技术的不同参考表 8－2 ~ 表 8－5 制定)，并实施部署。同时应制定腐蚀在线监测相关管理制度和考核细则，设立专职或兼职人员负责系统建设、维护及日常管理，将系统运行情况及监测数据分析纳入防腐月报，同时做好腐蚀在线监测系统维护工作，确保监测设备正常运行。对于出现低耦合、低电量或产品质量问题造成数据异常的情况应及时修正。

运行的监测点位腐蚀速率应控制在≤0.2mm/a，对日常发现的监测异常数据应进行原因分析并采取管控措施，采用超声波测厚或脉冲涡流扫查等技术对超标部位进行复核。企业应定期对异常在线监测数据的变化趋势进行统计分析，及时指导工艺操作，调整防腐蚀措施。

8－8　煤气化装置在线监测系统选点原则是什么？

与炼化装置不同的是，煤气化装置进料是煤炭固体，因此在进料系统、气化炉、“三水”系统、飞灰过滤器、旋风分离器等设备均会出现较为严重的冲刷腐蚀。易出现冲刷腐蚀的重点区域通常是上述重点设备的弯头、三通、变径及易形成湍流的部位，因此企业应在存在固体冲刷风险的部位以及在运行过程中已出现过失效的部位布置在线测厚系统，同时存在固体颗粒冲刷的部位，应避免使用在线探针系统。

除此之外，煤气化装置重点腐蚀部位集中于高温气化炉、“三水”系统、合成气洗涤、酸性气处理等部位，因此在上述部位应设置在线测厚系统监控腐蚀情况。同时在合成气、酸性气外送管线设置在线腐蚀探针，便于更好地监控由介质组分变化导致的腐蚀情况。

由于四种气化装置的流程不同，本书将四种气化装置在线监测的选点方案列于表8－2～表8－5中，同时为了便于查看，将各气化装置监测系统的选点位置在腐蚀回路图（详见图8－1～图8－4）中标注体现。需要说明的是，表中推荐的点位是易出现腐蚀的大致部位，最为薄弱的位置应搭配脉冲涡流扫查进行确认。

8－9 德士古气化装置在线监测系统应如何布点？

德士古气化装置在线监测系统应按照表8－2的方案布点。

表8－2　德士古气化装置在线监测系统选点方案

序号	具体位置	腐蚀机理	系统选型	选点原因
1	高压闪蒸冷凝器酸性气出口第一段直管	湿硫化氢破坏、盐酸腐蚀、酸式酸性水腐蚀、二氧化碳腐蚀	腐蚀探针	监控酸性气组分变化情况
2	1#真空冷凝器酸性气出口第一段直管			
3	2#真空冷凝器酸性气出口第一段直管			
4	除氧器顶酸性气出口第一段直管	氯化铵腐蚀、氯化物应力腐蚀开裂		监控粗合成气组分变化情况
5	洗涤塔顶粗合成气出口第一段直管			
6	高压闪蒸冷凝器酸性气出口第一个弯头	湿硫化氢破坏、盐酸腐蚀、酸式酸性水腐蚀、二氧化碳腐蚀	在线测厚	监控酸性气冷凝部位壁厚变化情况
7	1#真空冷凝器酸性气出口第一个弯头			
8	2#真空冷凝器酸性气出口第一个弯头			
9	除氧器顶酸性气出口第一个弯头			
10	低压闪蒸罐顶酸性气出口第一个弯头			
11	高压闪蒸罐底出口第一个弯头	碱式酸性水腐蚀、氯化铵腐蚀、冲刷腐蚀、氯化物应力腐蚀开裂		监控黑水系统壁厚变化情况
12	低压闪蒸罐底出口第一个弯头			
13	1#真空闪蒸罐底出口第一个弯头			
14	真空闪蒸凝液泵出口第一个弯头			
15	气化炉黑水至高压闪蒸罐管线第一个弯头			
16	洗涤塔黑水至高压闪蒸罐管线第一个弯头	冲刷腐蚀、碱式酸性水腐蚀、氯化铵腐蚀、氯化物应力腐蚀开裂		监控洗涤塔底系统壁厚变化情况
17	激冷水泵出口第一个弯头			
18	洗涤塔顶粗合成气出口第一个弯头	氯化铵腐蚀、氯化物应力腐蚀开裂、碳酸盐应力腐蚀开裂		监控粗合成气管线壁厚变化情况
19	合成气出气化炉后第一个弯头			

续表

序号	具体位置	腐蚀机理	系统选型	选点原因
20	锁斗循环水泵出口第一个弯头	碱式酸性水腐蚀、氯化铵腐蚀、冲刷腐蚀	在线测厚	监控锁斗系统壁厚变化情况
21	锁斗顶部泄压线出口第一个弯头			
22	气化炉底至锁斗入口短接			
23	高压灰水泵出口第一个弯头	碱式酸性水腐蚀、氯化铵腐蚀、冲刷腐蚀、氯化物应力腐蚀开裂、碳酸盐应力腐蚀开裂		监控灰水系统壁厚变化情况
24	低压灰水泵出口第一个弯头			
25	高压闪蒸分离器底出口管线			
26	磨煤机出料泵出口第一个弯头	冲刷腐蚀		监控磨煤给料系统壁厚变化情况
27	煤浆给料泵出口第一个弯头			

注：在线监测选点位置在腐蚀回路图中标注。

8－10 德士古气化装置腐蚀回路图应如何绘制？

德士古气化装置腐蚀回路图见图 8－1。

8－11 多喷嘴气化装置在线监测系统应如何布点？

多喷嘴气化装置在线监测系统应按照表 8－3 的方案布点。

8－12 多喷嘴气化装置腐蚀回路图应如何绘制？

多喷嘴气化装置腐蚀回路图见图 8－2。

8－13 壳牌气化装置在线监测系统应如何布点？

壳牌气化装置在线监测系统按照表 8－4 的方案布点。

8－14 壳牌气化装置腐蚀回路图应如何绘制？

壳牌气化装置腐蚀回路图见图 8－3。

8－15 航天气化装置在线监测系统应如何布点？

航天气化装置在线监测系统应按照表 8－5 的方案布点。

8－16 航天气化装置腐蚀回路图应如何绘制？

航天气化装置腐蚀回路图见图 8－4。

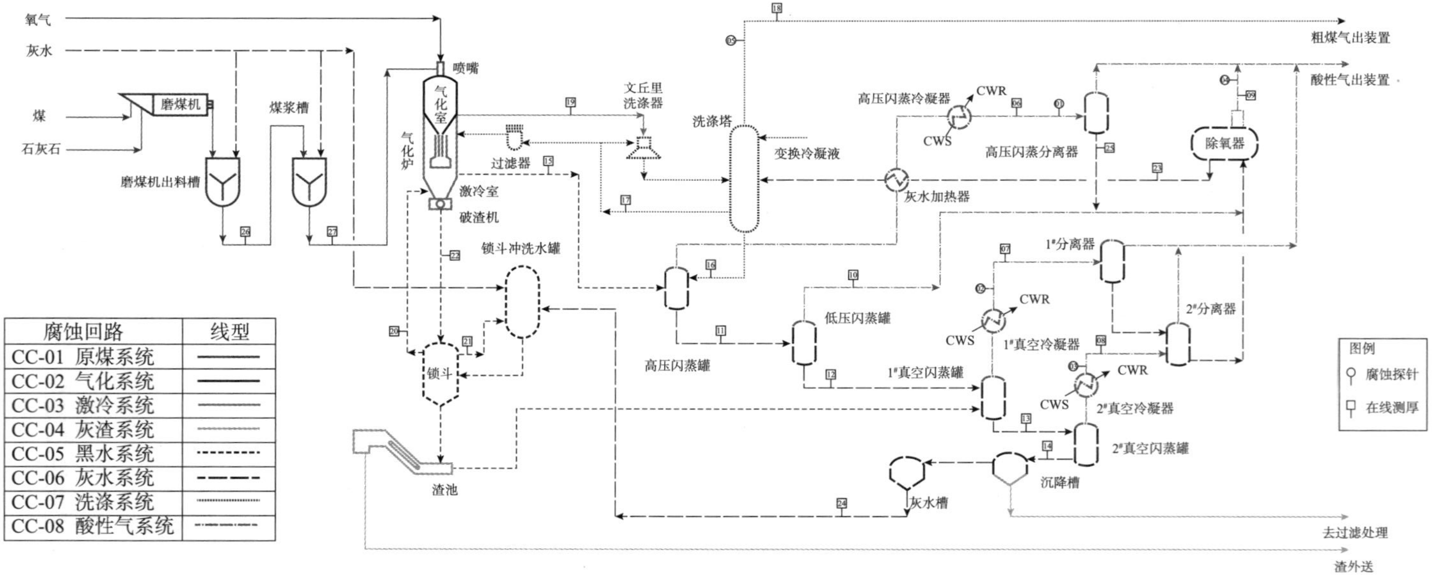

CC-01原煤系统：冲刷腐蚀、喷嘴部位还受到高温硫化物和高温氧化腐蚀影响；
CC-02气化系统：冲刷腐蚀、高温氧化、高温氢腐蚀、渗碳、烟灰腐蚀、高温硫化物腐蚀（氢气环境）；
CC-03激冷系统：冲刷腐蚀、高温硫化物腐蚀（氢气环境）、氯化铵腐蚀、碱式酸性水腐蚀、高温氢腐蚀、碳酸盐应力腐蚀开裂、氯化物应力腐蚀开裂、连多硫酸应力腐蚀开裂；
CC-04灰渣系统：冲刷腐蚀、碱式酸性水腐蚀、氯化铵腐蚀；
CC-05黑水系统：氯化铵腐蚀、碱式酸性水腐蚀、冲刷腐蚀；
CC-06灰水系统：冲刷腐蚀、碱式酸性水腐蚀、氯化铵腐蚀、碳酸盐应力腐蚀开裂、氯化物应力腐蚀开裂；
CC-07洗涤系统：碱式酸性水腐蚀、氯化铵腐蚀、碳酸盐应力腐蚀开裂、氯化物应力腐蚀开裂；
CC-08酸性气系统：湿硫化氢破坏、盐酸腐蚀、酸式酸性水腐蚀、露点腐蚀、二氧化碳腐蚀。

图 8－1　德士古气化装置腐蚀回路图

表8－3 多喷嘴气化装置在线监测系统选点方案

序号	具体位置	腐蚀机理	系统选型	选点原因
1	酸性气冷凝器酸性气出口第一段直管	湿硫化氢破坏、盐酸腐蚀、酸式酸性水腐蚀、二氧化碳腐蚀	腐蚀探针	监控酸性气组分变化情况
2	酸性气分离器顶出口第一段直管			
3	低压闪蒸冷凝器酸性气出口第一段直管			
4	低压闪蒸分离器顶出口第一段直管			
5	水洗塔顶粗合成气出口第一段直管	氯化铵腐蚀、氯化物应力腐蚀开裂		监控粗合成气组分变化情况
6	酸性气冷凝器酸性气出口第一个弯头	湿硫化氢破坏、盐酸腐蚀、酸式酸性水腐蚀、二氧化碳腐蚀	在线测厚	监控酸性气冷凝部位壁厚变化情况
7	酸性气分离器顶出口第一个弯头			
8	低压闪蒸冷凝器酸性气出口第一个弯头			
9	低压闪蒸分离器顶出口第一个弯头			
10	真空闪蒸冷凝器出口第一个弯头			
11	低压闪蒸器顶脱氧槽前最后一个弯头			
12	水洗塔顶粗合成气出口第一个弯头	氯化铵腐蚀、氯化物应力腐蚀开裂		监控合成气洗涤系统壁厚变化情况
13	水洗塔底黑水至蒸发热水塔管线第一个弯头	碱式酸性水腐蚀、氯化铵腐蚀、氯化物应力腐蚀开裂、冲刷腐蚀		
14	旋风分离器底至蒸发热水塔管线第一个弯头			
15	气化炉黑水至蒸发热水塔管线第一个弯头			
16	水洗塔底激冷水泵出口第一个弯头			
17	气化炉底至锁斗入口短接			监控锁斗系统壁厚变化情况
18	锁斗循环水泵出口第一个弯头			
19	锁斗顶部泄压线出口第一个弯头			
20	磨煤机出料泵出口第一个弯头	冲刷腐蚀		监控进料系统壁厚变化情况
21	煤浆给料泵出口第一个弯头			
22	蒸发热水塔底出口第一个弯头	碱式酸性水腐蚀、氯化铵腐蚀、氯化物应力腐蚀开裂、碳酸盐应力腐蚀开裂、冲刷腐蚀		监控酸性水系统壁厚变化情况
23	低压闪蒸器底部出口第一个弯头			
24	冲洗水冷却器灰水出口第一个弯头			
25	低压灰水泵出口第一个弯头			监控灰水系统壁厚变化情况
26	高压灰水泵出口第一个弯头			

注：在线监测选点位置在腐蚀回路图中标注。

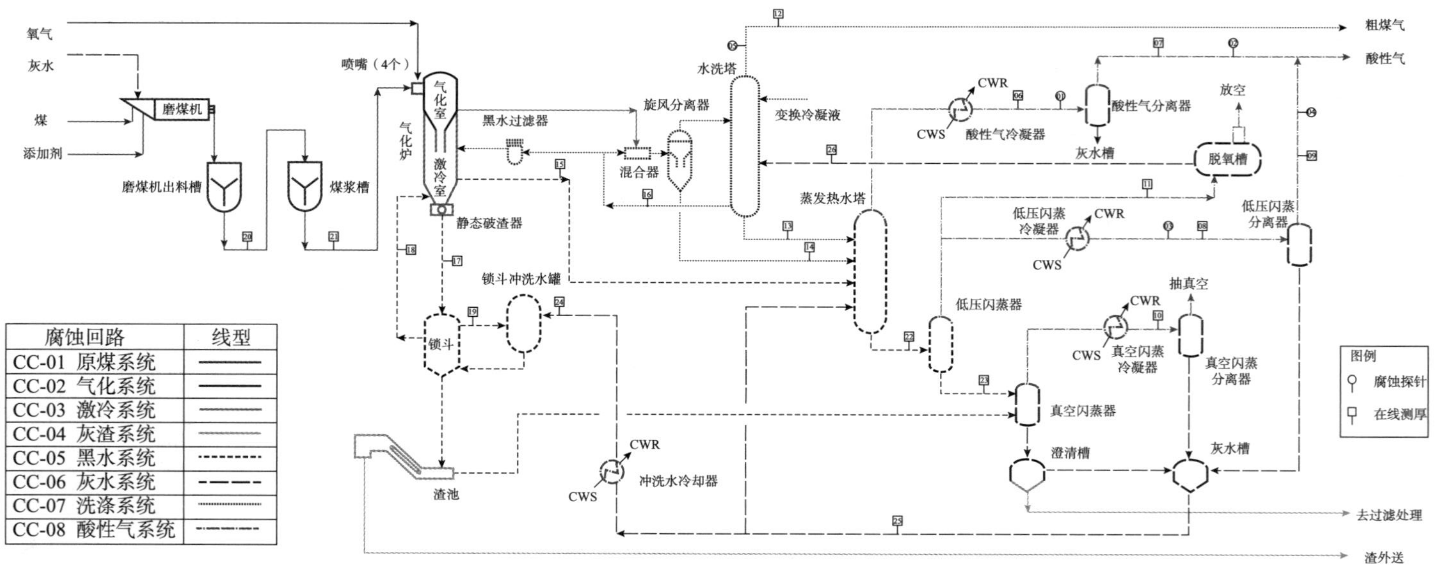

CC-01原煤系统：冲刷腐蚀、喷嘴部位还受到高温硫化物和高温氧化腐蚀影响；
CC-02气化系统：冲刷腐蚀、高温氧化、高温氢腐蚀、渗碳、烟灰腐蚀、高温硫化物腐蚀（氢气环境）；
CC-03激冷系统：冲刷腐蚀、高温硫化物腐蚀（氢气环境）、氯化铵腐蚀、碱式酸性水腐蚀、高温氢腐蚀、碳酸盐应力腐蚀开裂、氯化物应力腐蚀开裂、连多硫酸应力腐蚀开裂；
CC-04灰渣系统：冲刷腐蚀、碱式酸性水腐蚀、氯化铵腐蚀；
CC-05黑水系统：氯化铵腐蚀、碱式酸性水腐蚀、冲刷腐蚀；
CC-06灰水系统：冲刷腐蚀、碱式酸性水腐蚀、氯化铵腐蚀、碳酸盐应力腐蚀开裂、氯化物应力腐蚀开裂；
CC-07洗涤系统：碱式酸性水腐蚀、氯化铵腐蚀、碳酸盐应力腐蚀开裂、氯化物应力腐蚀开裂、冲刷腐蚀；
CC-08酸性气系统：湿硫化氢破坏、盐酸腐蚀、酸式酸性水腐蚀、露点腐蚀、二氧化碳腐蚀。

图 8－2　多喷嘴气化装置腐蚀回路图

表 8－4　壳牌气化装置在线监测系统选点方案

序号	具体位置	腐蚀机理	系统选型	选点原因
1	激冷气压缩机入口最后一段直管	氯化物应力腐蚀开裂、氯化铵腐蚀、冲蚀	腐蚀探针	监控粗合成气组分变化情况
2	激冷气压缩机出口第一段直管			
3	洗涤塔顶粗合成气出口第一段直管			
4	酸性气外送管线集合管界区平台直管段	湿硫化氢破坏、盐酸腐蚀、酸式酸性水腐蚀		监控酸性气/酸性水组分变化情况
5	汽提塔顶冷却器工艺气出口第一段直管	氯化铵腐蚀、碱式酸性水腐蚀、氯化物应力腐蚀开裂		
6	汽提塔回流泵出口第一段直管			
7	酸性气外送管线集合管第一个弯头	湿硫化氢破坏、盐酸腐蚀、酸式酸性水腐蚀	在线测厚	监控酸性气/酸性水系统壁厚变化情况
8	汽提塔顶冷却器工艺气出口第一个弯头	氯化铵腐蚀、碱式酸性水腐蚀、氯化物应力腐蚀开裂		
9	汽提塔回流泵出口第一个弯头			
10	汽提塔底泵出口第一个弯头	碱式酸性水腐蚀、冲蚀		
11	酸浆泵出口第一个弯头			
12	灰浆泵出口第一个弯头			
13	洗涤塔底泵出口第一个弯头	氯化铵腐蚀、碱式酸性水腐蚀、氯化物应力腐蚀开裂		
14	澄清罐底出口第一个弯头			
15	激冷气压缩机入口最后一个弯头	氯化物应力腐蚀开裂、氯化铵腐蚀、冲蚀		监控粗合成系统壁厚变化情况
16	激冷气压缩机出口第一个弯头			
17	洗涤塔顶粗合成气出口第一个弯头			
18	气化炉合成气出口第一个弯头	高温氢腐蚀、高温硫腐蚀、冲刷腐蚀		监控飞灰处理系统壁厚变化情况
19	飞灰过滤器合成气出口第一个弯头			
20	飞灰排放罐至飞灰过滤器压力平衡线第一个弯头			
21	飞灰过滤器底部至飞灰排放罐直管段			
22	渣池水冷却器渣水出口第一个弯头	氯化铵腐蚀、碱式酸性水腐蚀、氯化物应力腐蚀开裂、冲刷腐蚀		监控渣系统壁厚变化情况
23	渣池循环水泵出口第一个弯头			
24	渣收集器顶入口直管段			
25	磨煤机出口第一个弯头	冲刷腐蚀		监控进料系统壁厚变化情况
26	煤锁斗出口第一个弯头			
27	气化炉进料管线集合管第一个弯头			

注：在线监测选点位置在腐蚀回路图中标注。

腐蚀回路	线型
CC-01 原煤系统	————
CC-02 气化系统	————
CC-03 冷却系统	————
CC-04 蒸汽系统	————
CC-05 渣水系统	--------
CC-06 飞灰系统	— — —
CC-07 洗涤系统	....
CC-08 污水系统	-·-·-·-
CC-09 酸性气系统	– – – –
CC-10 粗煤气系统	- - - - -

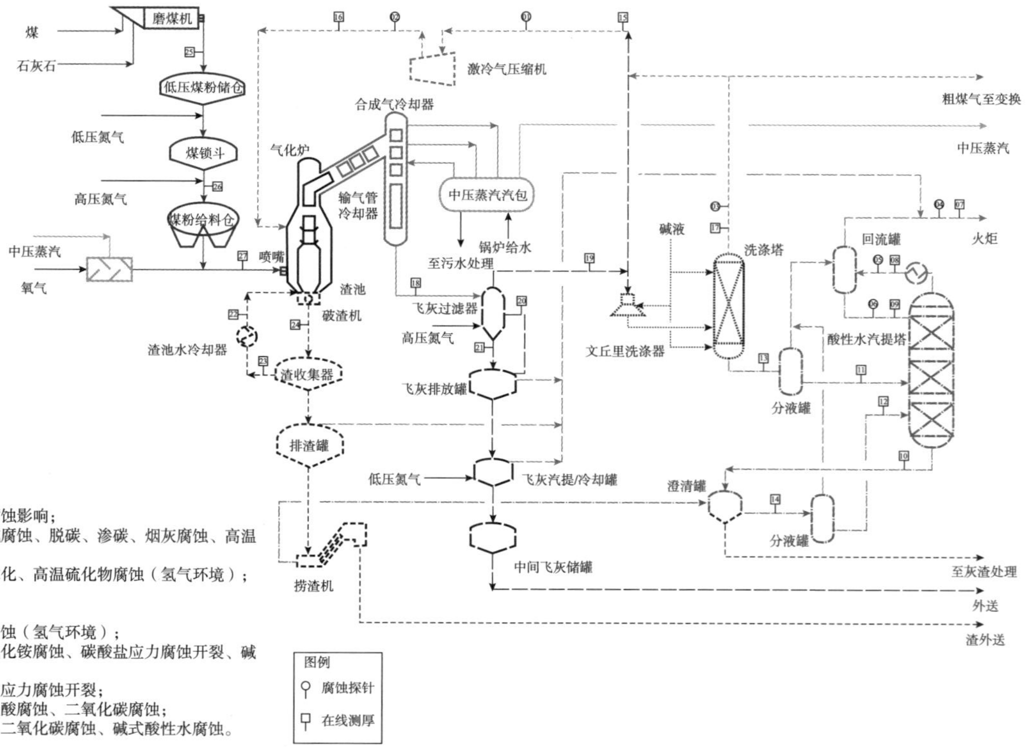

CC-01原煤系统：冲刷腐蚀、喷嘴部位还受到高温氧化腐蚀影响；
CC-02气化系统：冲刷腐蚀、高温氧化、高温氢腐蚀、碱腐蚀、脱碳、渗碳、烟灰腐蚀、高温硫化物腐蚀（氢气环境）；
CC-03冷却系统：冲刷腐蚀、高温氢腐蚀、回火脆化、球化、高温硫化物腐蚀（氢气环境）；
CC-04蒸汽系统：锅炉冷凝水腐蚀；
CC-05渣水系统：冲刷腐蚀、碱式酸性水腐蚀；
CC-06飞灰系统：冲刷腐蚀、高温氢腐蚀、高温硫化物腐蚀（氢气环境）；
CC-07洗涤系统：碱式酸性水腐蚀、碱应力腐蚀开裂、氯化铵腐蚀、碳酸盐应力腐蚀开裂、碱腐蚀、氯化物应力腐蚀开裂；
CC-08污水系统：氯化铵腐蚀、碱式酸性水腐蚀、氯化物应力腐蚀开裂；
CC-09酸性气系统：湿硫化氢破坏、酸式酸性水腐蚀、盐酸腐蚀、二氧化碳腐蚀；
CC-10粗煤气系统：碳酸盐应力腐蚀开裂、氯化铵腐蚀、二氧化碳腐蚀、碱式酸性水腐蚀。

图 8－3　壳牌气化装置腐蚀回路图

表 8－5　航天气化装置在线监测系统选点方案

序号	具体位置	腐蚀机理	系统选型	选点原因
1	洗涤塔顶粗合成气出口第一段直管	氯化铵腐蚀、氯化物应力腐蚀开裂	腐蚀探针	监控粗合成气组分变化情况
2	高压分离罐顶酸性气出口第一段直管	湿硫化氢破坏、盐酸腐蚀、酸式酸性水腐蚀、二氧化碳腐蚀	腐蚀探针	监控酸性气组分变化情况
3	高闪冷凝器工艺气出口第一段直管	湿硫化氢破坏、盐酸腐蚀、酸式酸性水腐蚀、二氧化碳腐蚀	腐蚀探针	监控酸性气组分变化情况
4	高压闪蒸罐顶出口第一段直管	湿硫化氢破坏、盐酸腐蚀、酸式酸性水腐蚀、二氧化碳腐蚀	腐蚀探针	监控酸性气组分变化情况
5	低压闪蒸罐顶出口第一段直管	湿硫化氢破坏、盐酸腐蚀、酸式酸性水腐蚀、二氧化碳腐蚀	腐蚀探针	监控酸性气组分变化情况
6	洗涤塔顶粗合成气出口第一个弯头	氯化铵腐蚀、氯化物应力腐蚀开裂	在线测厚	监控粗合成气壁厚变化情况
7	高压分离罐顶酸性气出口第一个弯头	湿硫化氢破坏、盐酸腐蚀、酸式酸性水腐蚀、二氧化碳腐蚀	在线测厚	监控酸性气管线壁厚变化情况
8	高闪冷凝器工艺气出口第一个弯头	湿硫化氢破坏、盐酸腐蚀、酸式酸性水腐蚀、二氧化碳腐蚀	在线测厚	监控酸性气管线壁厚变化情况
9	高压闪蒸罐顶出口第一个弯头	湿硫化氢破坏、盐酸腐蚀、酸式酸性水腐蚀、二氧化碳腐蚀	在线测厚	监控酸性气管线壁厚变化情况
10	低压闪蒸罐顶出口第一个弯头	湿硫化氢破坏、盐酸腐蚀、酸式酸性水腐蚀、二氧化碳腐蚀	在线测厚	监控酸性气管线壁厚变化情况
11	低压闪蒸罐底液相出口第一个弯头	碱式酸性水腐蚀、氯化铵腐蚀、氯化物应力腐蚀开裂、碳酸盐应力腐蚀开裂	在线测厚	监控灰水系统壁厚变化情况
12	真空闪蒸罐底液相出口第一个弯头	碱式酸性水腐蚀、氯化铵腐蚀、氯化物应力腐蚀开裂、碳酸盐应力腐蚀开裂	在线测厚	监控灰水系统壁厚变化情况
13	高压分离罐底液相出口第一个弯头	碱式酸性水腐蚀、氯化铵腐蚀、氯化物应力腐蚀开裂、碳酸盐应力腐蚀开裂	在线测厚	监控灰水系统壁厚变化情况
14	汽提塔底泵出口第一个弯头	碱式酸性水腐蚀、氯化铵腐蚀、氯化物应力腐蚀开裂、碳酸盐应力腐蚀开裂	在线测厚	监控灰水系统壁厚变化情况
15	除氧水泵出口第一个弯头	碱式酸性水腐蚀、氯化铵腐蚀、氯化物应力腐蚀开裂、碳酸盐应力腐蚀开裂	在线测厚	监控灰水系统壁厚变化情况
16	冲洗水冷却器灰水出口第一个弯头	碱式酸性水腐蚀、氯化铵腐蚀、氯化物应力腐蚀开裂、碳酸盐应力腐蚀开裂	在线测厚	监控灰水系统壁厚变化情况
17	旋风分离器顶气相出口第一个弯头	氯化铵腐蚀、氯化物应力腐蚀开裂	在线测厚	监控粗合成气壁厚变化情况
18	激冷水泵出口第一个弯头	碱式酸性水腐蚀、氯化铵腐蚀、氯化物应力腐蚀开裂、碳酸盐应力腐蚀开裂、冲刷腐蚀	在线测厚	监控黑水系统壁厚变化情况
19	气化炉黑水出口第一个弯头	碱式酸性水腐蚀、氯化铵腐蚀、氯化物应力腐蚀开裂、碳酸盐应力腐蚀开裂、冲刷腐蚀	在线测厚	监控黑水系统壁厚变化情况
20	旋风分离器底部出口第一个弯头	碱式酸性水腐蚀、氯化铵腐蚀、氯化物应力腐蚀开裂、碳酸盐应力腐蚀开裂、冲刷腐蚀	在线测厚	监控黑水系统壁厚变化情况
21	高压闪蒸罐底部出口第一个弯头	碱式酸性水腐蚀、氯化铵腐蚀、氯化物应力腐蚀开裂、碳酸盐应力腐蚀开裂、冲刷腐蚀	在线测厚	监控黑水系统壁厚变化情况
22	锁斗循环泵出口第一个弯头	碱式酸性水腐蚀、氯化铵腐蚀、氯化物应力腐蚀开裂、冲刷腐蚀	在线测厚	监控渣水系统壁厚变化情况
23	气化炉底至锁斗入口短接	碱式酸性水腐蚀、氯化铵腐蚀、氯化物应力腐蚀开裂、冲刷腐蚀	在线测厚	监控渣水系统壁厚变化情况
24	渣锁斗泄压线第一个弯头	碱式酸性水腐蚀、氯化铵腐蚀、氯化物应力腐蚀开裂、冲刷腐蚀	在线测厚	监控渣水系统壁厚变化情况
25	废锅汽包出口第一个弯头	蒸汽阻滞、锅炉冷凝水腐蚀	在线测厚	监控蒸汽系统壁厚变化情况
26	磨煤机出口第一个弯头	冲刷腐蚀	在线测厚	监控进料系统壁厚变化情况
27	煤锁斗出口第一个弯头	冲刷腐蚀	在线测厚	监控进料系统壁厚变化情况
28	进料管线进烧嘴前最后一个弯头	冲刷腐蚀	在线测厚	监控进料系统壁厚变化情况

注：在线监测选点位置在腐蚀回路图中标注。

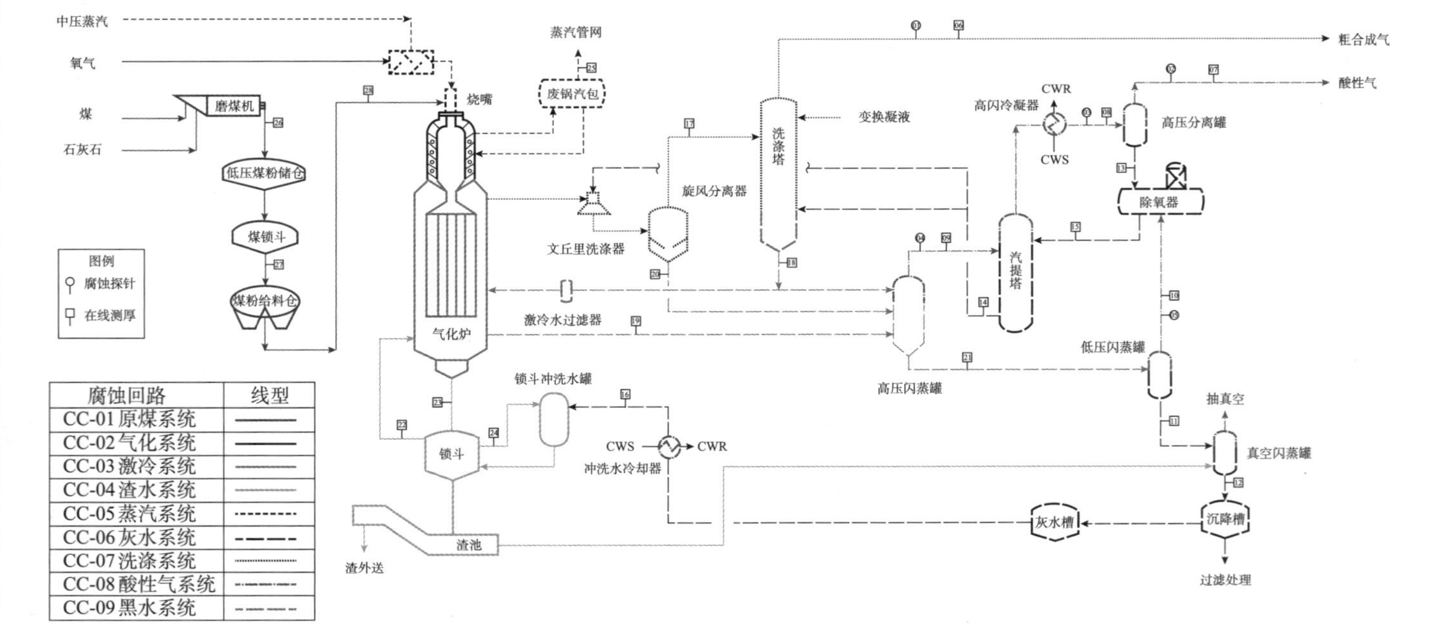

CC-01原煤系统：冲刷腐蚀、喷嘴部位还受到高温硫化物和高温氧化腐蚀影响；
CC-02气化系统：冲刷腐蚀、高温氧化、高温氢腐蚀、渗碳、烟灰腐蚀、高温硫化物腐蚀（氢气环境）；
CC-03激冷系统：冲刷腐蚀、高温硫化物腐蚀（氢气环境）、氯化铵腐蚀、碱式酸性水腐蚀、高温氢腐蚀、碳酸盐应力腐蚀开裂、氯化物应力腐蚀开裂、连多硫酸应力腐蚀开裂；
CC-04渣水系统：冲刷腐蚀、碱式酸性水腐蚀、氯化铵腐蚀；
CC-05蒸汽系统：蒸汽阻滞、锅炉冷凝水腐蚀；
CC-06灰水系统：冲刷腐蚀、碱式酸性水腐蚀、氯化铵腐蚀、碳酸盐应力腐蚀开裂、氯化物应力腐蚀开裂；
CC-07洗涤系统：碱式酸性水腐蚀、氯化铵腐蚀、碳酸盐应力腐蚀开裂、氯化物应力腐蚀开裂、冲刷腐蚀；
CC-08酸性气系统：湿硫化氢破坏、盐酸腐蚀、酸式酸性水腐蚀、露点腐蚀、二氧化碳腐蚀；
CC-09黑水系统：冲刷腐蚀、碱式酸性水腐蚀、氯化铵腐蚀、碳酸盐应力腐蚀开裂、氯化物应力腐蚀开裂。

图 8－4　航天气化装置腐蚀回路图

8－17 装置在役期间有哪些腐蚀检测方法？其有效性如何？

根据失效部位损伤类型的不同，装置在役期间常用的检测方法有目视检测、脉冲涡流检测、高温磁粉检测、X射线数字成像检测、电磁超声检测、高温渗透检测、声发射检测、超声导波检测、高温超声检测(纵波、横波)等。但所有检测方法都各有利弊，仅针对特定损伤形态有效，表8－6列举了装置在役期间常用的检测方法及针对不同损伤形态的有效性(对于有效性的描述详见表4－2)，煤化工企业可参考选用。

表8－6 在线检测方法及检验有效性[a]

检测方法	损伤形态							
	局部减薄	均匀减薄	点蚀/孔蚀	表面裂纹	近表面裂纹	埋藏裂纹	尺寸变化	氢鼓泡或高温氢腐蚀造成的鼓泡
目视检测	3，X	X	3，X	3，X	X	X	2，3	X
脉冲涡流检测	2，3	1，2，3	3，X	X	X	X	X	X
高温纵波超声检测	1，2，3	1，2，3	3，X	X	X	X	X	1，2
高温横波超声检测	X	X	X	2，3[b]	1，2，3[b]	2，3[b]	X	X
高温磁粉检测	X	X	X	2，3	3，X	X	X	X
高温渗透检测	X	X	X	1，2，3	X	X	X	X
声发射检测	3，X	X	X	2，3[c]	2，3[c]	2，3[c]	X	3，X[c]
X射线数字成像检测	1，2，3	1，2，3	1，2，3	3，X	3，X	3，X	X	X
电磁超声检测	2，3	1，2，3	X	X	X	X	X	X
超声导波检测	1，2，3	X	X	X	X	X	X	X

注：1为高度有效，2为中高度有效，3为中度有效，X为低度有效或无效。

[a] 操作温度在10～60℃的设备可以选用表8－14中的检测方法进行在线检测，但需要考虑设备内介质对检验有效性的影响。

[b] 应用时应注意扫查盲区的大小和方位。

[c] 针对活性裂纹。

8－18 什么是定点测厚技术？

定点测厚是指在对装置进行腐蚀分析的基础上，系统地设置监测点，采用超声波测厚等检测技术，定点、定期获取设备和管道各监测点的剩余壁厚，通过对监测数据的系统分析，确定装置的整体腐蚀状况、腐蚀分布情况、重点腐蚀部位和壁厚变化趋势，及时发现因腐蚀、冲刷造成壁厚减薄而引起的事故隐患，为设备管理提供依据。定点测厚适用于设备和管道外壁均匀腐蚀和大面积局部腐蚀问题的监测，点蚀穿孔、腐蚀开裂以及材质组织状态和机械性能的改变等问题不宜采用定点测厚技术进行监测。

定点测厚监测点的设置应建立在对装置腐蚀的系统分析和全面检测的基础上，保证测点能够科学反映装置的整体腐蚀状况以及腐蚀分布情况，同时应利于对腐蚀泄漏隐患的进一步排查。建议在定点测厚选点之前利用超声波C扫描、脉冲涡流等其他检测技术确定重点腐蚀区域，缩小定点测厚选点范围。

8-19 管道及设备的定点测厚应如何管理？

企业应制定统一的定点测厚监测点编号原则，以便于对监测结果的查询、展示和分析。现场定点测厚监测点必须保持固定并做好明确标识，有条件的可在定点测厚监测点设置铭牌。对于有保温层的设备和管道，定点测厚监测点应在保温层开孔并制作统一规格的活动保温盒。活动保温盒应做好防水措施以避免雨水或湿气进入保温层。

定点测厚现场检测应根据检测环境条件选用精度不低于0.1mm的超声波测厚仪。每次检测前，应对测厚仪器进行校准，同时对检测部位进行表面处理，以保证检测数据准确。现场检测前，应对待检设备和管道表面进行测温，并根据工件的表面温度选择适当的探头和耦合剂，耦合剂的选择可参考表8-7。

表8-7 耦合剂选用表

耦合剂类型	甘油，凝胶	丙二醇，乙二醇	专用中温耦合剂	专用高温耦合剂
最高使用温度/℃	90	150	250	500

高温条件下(100~500℃)的测厚，应使用成熟的经验公式对所测数据进行修正，或在检测前根据工程技术人员提供的介质温度和现场测温结果设定相应的声速，以保证检测数据的准确性。超声波测厚仪声速的设定可参考表8-8。现场检测发现数据异常时，应及时进行复检和扩检，必要时应委托专业检测单位进行复核。定点测厚的现场检测数据记录应及时存档备查。

企业应建立定点测厚档案，并结合工艺条件和设备参数进行数据分析，包括各监测点腐蚀速率计算、剩余壁厚分析和使用寿命预测、整体腐蚀状况及腐蚀分布情况分析等内容，同时可根据定点测厚数据分析结果开展腐蚀泄漏隐患排查、腐蚀监测方案优化、检维修方案调整等工作。

表8-8 超声波测厚仪声速设定参考表

温度/℃	碳钢、铬钼钢声速/(m/s)	奥氏体不锈钢声速/(m/s)
常温	5900	5700
100	5850	5650
150	5800	5600
200	5750	5550
250	5700	5500
300	5650	5450
350	5600	5400
400	5550	5350
450	5500	5300
500	5450	5250

8-20 定点测厚的布点原则是什么?

在各腐蚀区域内，定点测厚监测点应尽量涵盖所有重点腐蚀部位，同时考虑测点的代表性以及现场检测的可操作性(腐蚀特别严重，需重点关注的部位必须设置监测点)，原则上定点测厚监测点均应设置在便于安全检测的地面或操作平台上。定点测厚监测点的设置可参考以下原则：

(1)流速过高，可能存在严重冲刷的部位。包括：管道的机泵出口阀后、弯头、大小头、三通、调节阀、减压阀、注剂点附近的管段等(管道常见结构的监测点位置可参考图8-5)；主要工艺设备流速大的部位，如转油线、加热炉炉管出口处、冷换设备的流体入口处等。

(2)流速过低，可能存在滞流的部位。包括：流速小于1m/s的管道，易发生垢下腐蚀的部位；盲肠、死角部位，如排凝管、采样口、调节阀副线、开停工旁路、扫线头等。

(3)可能产生相变的部位和气液交界部位。包括：高温硫腐蚀和环烷酸腐蚀环境中的相变部位(包括汽化和冷凝)及气液相交界部位；塔、容器和重沸器、蒸发器的气液相交界处；烟气管道、加热炉空气预热器和烟囱等可能存在露点腐蚀的部位。

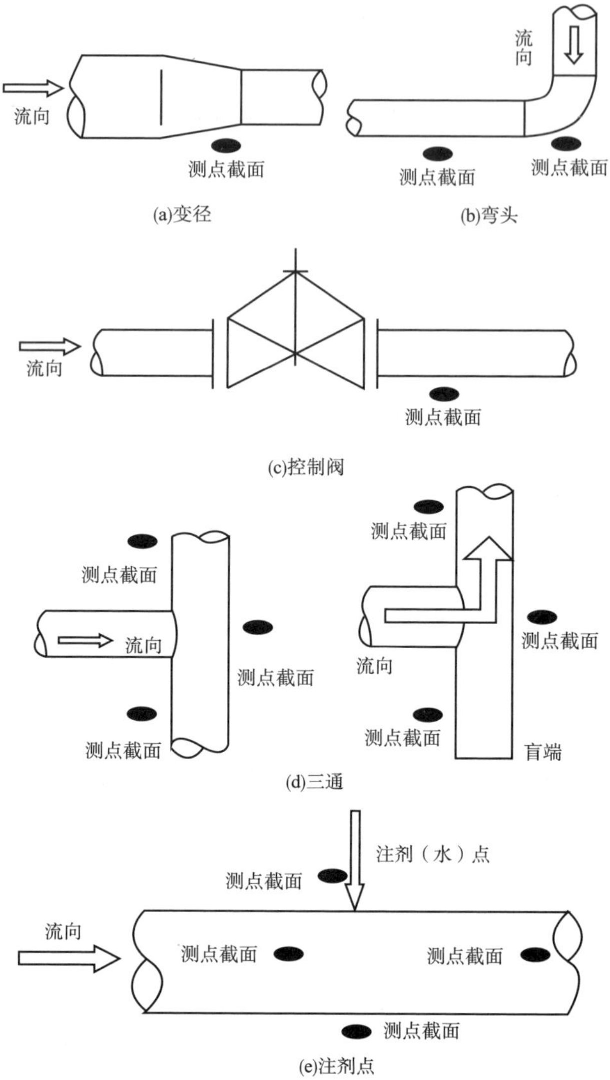

图 8－5　典型的变径、弯头、控制阀、三通、注剂点测厚部位示意图

(4)可能存在保温层下腐蚀(CUI)的设备和管道。包括：介质温度低于 175℃的有保温层的设备和管道；有保温层的常压金属储罐罐壁，特别是最下部壁板和抗风圈上方壁板等。

(5)对于输送腐蚀性较强介质的管道，除在弯头、三通等管件设置定点测厚监测点外，还应视具体情况加强对直管段的监测。应重点进行定点测厚监测的管道包括：温度小于 120℃含有水分的物料管道、温度区域在 240～340℃的物料管道、温度在 340～400℃产生过明显减薄或发生过腐蚀失效的物料管道以及温度大于400℃的所有物料管道。

(6)注剂(水)部位应重点监测冲刷及相变腐蚀风险，测点设置原则为：注入点前300mm或3倍管径(取二者最大值)范围内管段，注入介质直接冲刷部位，注入点下游5m内管段，注剂(水)支管靠近工艺管道部位。

(7)常压金属储罐应重点关注水相液位下方壁板、气液交界部位壁板及罐顶板的腐蚀问题。罐壁最下部圈板按不同方向分布设点：罐容1000m^3及以上储罐至少设置8个测点，罐容1000m^3以下储罐至少设置4个测点；其他圈板沿盘梯每圈板至少设置1个测点；顶板按不同方向分布至少设置8个测点。

8-21 煤气化装置定点测厚布点方案是什么?

煤气化装置的定点测厚选点部位可参考表8-9执行。定点测厚监测频次应根据以往检测结果和设备、管道实际腐蚀情况动态调整，监测频次的设定可参照表8-10执行，表中剩余寿命是部位剩余壁厚与现场实际腐蚀速率的比值，对于DN100及以上的管道，当剩余壁厚≤3mm时，则该部位的剩余寿命按0处理。当计算剩余寿命大于设备和管道设计年限时，剩余寿命可不计算或按设备和管道的设计寿命执行。定点测厚的频次应通过实际腐蚀速率确定，但同时不应低于管道剩余寿命所对应的测厚频次。

表8-9 煤气化装置定点测厚部位推荐表

序号	系统	部位
1	进料	磨煤机、煤锁斗、煤浆槽、高压氧气线等设备本体及进出口管线、弯头、三通
2	气化炉	气化室、激冷室本体、激冷水(气)返回线及弯头、三通、盲端
3	渣水	渣锁斗锥体、冲洗水罐及进出口管线、锁斗泄压线、渣水循环线弯头、变径、三通
4	合成气处理	文丘里洗涤器、飞灰过滤器、旋风分离器、洗涤塔设备本体及进出口管线、弯头、三通
5	灰水	低压闪蒸罐、真空闪蒸罐、高压灰水加热器、灰水槽设备本体及进出口管线、弯头、三通
6	黑水	激冷水过滤器、蒸发热水塔、高压闪蒸罐设备本体及进出口管线、弯头、三通
7	锅炉	汽包本体、蒸汽系统管线、弯头、三通
8	其他	管线、设备存在凝结水，易积液的部位，如盲端、滞留区、正常无流量、保温伴热不佳的部位

表 8－10　定点测厚频次确定表

腐蚀速率/(mm/a)	剩余寿命/a	频次
<0.1	—	每年一次
0.1～0.3	1.5～2	每半年一次
0.3～0.5	1～1.5	每季度一次
>0.5	<1	每月一次

8－22 对于易腐蚀和冲刷部位应优先考虑的布点部位包括哪些？

(1)管线腐蚀冲刷严重的部位：弯头、大小头、三通及喷嘴、阀门、调节阀、减压孔板附近的管段等。

(2)流速大(大于 30m/s)的部位。

(3)硫腐蚀环境下，气相或气液相交界处。

(4)流体的下游端(包括焊缝、直管)容易引起严重冲刷的部位。

(5)同一管线的热端。

(6)换热器、空冷器的流体入口管端。

(7)塔、容器和重沸器、蒸发器的气液相交界处。

(8)换热器、冷凝器壳程的入口处。

(9)流速小于 1m/s 的管线(包括水冷却器管束)，有沉积物存在易发生垢下腐蚀的部位。

(10)盲肠、死角部位，如排凝管、采样口、调节阀副线、开停工旁路、扫线头等。

8－23 对于中高温条件的测厚，在测量过程中要注意哪些问题？

(1)要选择合适的高温测厚仪，并采用配套探头和耦合剂。

(2)中高温条件下测厚数据比实际值偏大，应注意进行修正。

(3)高温探头通常采用双晶探头或延迟线探头，当采用双晶探头时，要注意零点校准。

(4)在高温测量时，探头与高温表面长时间接触会导致明显的热量堆积。

(5)高温测厚时耦合剂使用的方法是将一滴耦合剂滴在探头表面，然后将探头稳稳地压在被测表面。

8－24 什么是脉冲涡流扫查技术？

脉冲涡流扫查技术是指在系统腐蚀分析的基础上，按照一定的检测路径和检测密度，利用脉冲涡流无损检测技术对选定区域的设备和管线的壁厚进行全面检测，快速、准确地获取壁厚分布情况，为评估腐蚀风险、确定隐患部位提供依据的腐蚀监测技术。脉冲涡流扫查适用于设备、管道内部腐蚀、冲刷等造成的壁厚减薄情况，要求检测部位具备探头可进行移动扫查的空间。

8－25 脉冲涡流扫查的原理是什么？

脉冲涡流扫查技术是一种由常规涡流检测演化而来的新型电磁检测技术，也被称为瞬态涡流检测技术。其基本原理是在线圈中通入恒定电流或电压，在一定时间内，被测构件中会产生稳定的磁场，当断开输入时，线圈周围会产生电磁场，该电磁场由直接从线圈中耦合出的一次电磁场和构件中感应出的涡流场产生的二次电磁场两部分叠加而成，且后者中包含了构件本身的厚度或缺陷等信息，采取合适的方法和检测元件对二次场进行测量，分析测量信号，即可得到被测构件信息。

8－26 脉冲涡流扫查有哪些技术优势？

(1)从“点测”到“面测”的转变，裸管检测效率为75mm/s，同一段管道全覆盖检测要比超声布点测厚效率提高近百倍。

(2)检测结果以B扫结果成像，更直观地显示出管线扫查的壁厚变化趋势，对异常位置进行定位。相较超声测厚检测，可以完整地体现管道不同壁厚值的分布情况。

(3)脉冲涡流扫查碳钢材质管线可以实现不拆保温扫查异常缺陷。发现异常部位后拆保温通过超声检测复核。

(4)脉冲涡流扫查裸管时，可以检测距离地面5m以下的高空管线，无须搭设脚手架，发现异常位置时，需要搭设脚手架检测复核。

(5)脉冲涡流扫查发现异常位置的准确性在98%以上。

(6)脉冲涡流扫查是对RBI(基于风险的检测)和定点测厚的极好补充。

8-27 煤气化装置脉冲涡流扫查的重点部位有哪些?

定点测厚发现异常后应及时采用脉冲涡流扫查技术进行有针对性的扩检，确定腐蚀影响部位。现场临时出现因腐蚀造成的减薄或泄漏问题，需要对该部位上下游流程管线进行扩检。定期对识别出的高风险易腐蚀部位进行腐蚀隐患排查，作为日常腐蚀风险的普查手段。在装置停工大检修前6个月应采用脉冲涡流扫查技术完成装置腐蚀重点部位的隐患排查，为编制设备及管道的检修策略提供依据。表8-11是基于德士古气化装置制定的脉冲涡流推荐扫查部位，其他气化工艺可以视具体情况参考表8-11执行。

表8-11 煤气化装置脉冲涡流重点扫查部位

序号	检测部位	材质	腐蚀机理
1	渣水自气化炉至锁斗管道	ASTM A106 Gr. B	碱式酸性水腐蚀、氯化铵腐蚀、冲刷腐蚀
2	黑水出锁斗至锁斗循环泵管道	ASTM A106 Gr. B	
3	黑水出锁斗循环泵至气化炉管道	ASTM A106 Gr. B	
4	粗合成气自气化炉至文丘里洗涤器管道	ASTM A312Gr. TP316L	氯化铵腐蚀、氯化物应力腐蚀开裂
5	合成气出洗涤塔管道	12Cr2Mo	
6	高压闪蒸罐至低压闪蒸罐的黑水管道	20	碱式酸性水腐蚀、氯化铵腐蚀、冲刷腐蚀、氯化物应力腐蚀开裂、碳酸盐应力腐蚀开裂
7	低压闪蒸罐至1#真空闪蒸罐的黑水管道	20	
8	1#真空闪蒸罐至2#真空闪蒸罐的黑水管道	L245	
9	循环黑水自洗涤塔至黑水循环泵管道	ASTM A106 Gr. B	
10	循环黑水自黑水循环泵至黑水过滤器管道	ASTM A106 Gr. B	
11	循环黑水(激冷水)自黑水过滤器至气化炉管道	ASTM A106 Gr. B	

8-28 什么是装置停工腐蚀检查?检查的依据是什么?

停工腐蚀检查是指在装置停工检修期间，由专业技术人员对生产装置中各类设备和管道的腐蚀减薄、环境开裂、材质劣化等状况所进行的内、外部检查。装置停工腐蚀检查是对装置上周期运行期间腐蚀状况的检查，根据装置腐蚀流、腐蚀机理、上周期的运行记录、历年的防腐蚀技术档案来确定停工腐蚀检查的方法和重点部位。停工腐蚀检查应作为装置停工检修期间的一项必要工作，装置检修时企业应建立停工腐蚀检查组织机构，明确职责分工、协调开展工作。

8－29 停工腐蚀检查应如何实施？

停工腐蚀检查按图 8－6 所示的流程开展，基本流程包括资料收集、方案制定、方案实施、检查结果汇报、检查数据整理和检查报告编写环节。典型设备和管道的重点检查部位可参考表 8－12 和表 8－13 执行。

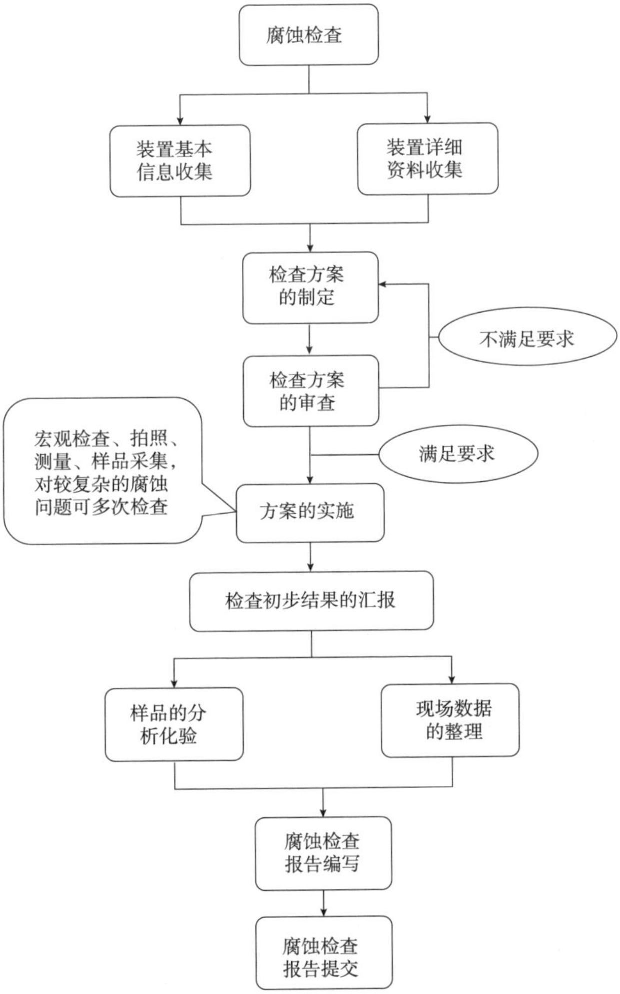

图 8－6　停工腐蚀检查实施流程

表 8－12　典型设备的重点检查部位

设备	重点检查部位
塔器	(1)积有水分、湿气、腐蚀性气体或气液相交界处； (2)“死角”及冲刷部位； (3)焊缝及热影响区； (4)可能产生应力腐蚀以及氢损伤的部位； (5)封头过渡部位及应力集中部位； (6)可能发生腐蚀及变形的内件(塔盘、梁、分配板及集油箱等)； (7)接管部位； (8)由于外壁保温不当或工艺操作原因造成的局部低温部位； (9)检查金属衬里有无腐蚀、裂纹，局部鼓泡或凹陷； (10)材质为碳钢或铬钼钢且工作温度小于 120℃，或者材质为奥氏体不锈钢且工作温度在 50～180℃时，根据保温层的完好情况，采取宏观检查、测厚等方法抽查保温层下腐蚀情况
容器	(1)积有水分、湿气、腐蚀性气体或气液相交界处； (2)“死角”及冲刷部位； (3)焊缝及热影响区； (4)可能产生应力腐蚀以及氢损伤的部位； (5)封头过渡部位及应力集中部位； (6)可能发生腐蚀及变形的内件； (7)接管部位； (8)材质为碳钢或铬钼钢且工作温度小于 120℃，或者材质为奥氏体不锈钢且工作温度在 50～180℃时，根据保温层的完好情况，采取宏观检查、测厚等方法抽查保温层下腐蚀情况
反应器	(1)检查冷壁反应器衬里有无脱落、孔洞、损坏、穿透性裂纹、表面裂纹、麻点、疏松； (2)检查热壁反应器堆焊层有无裂纹、剥离、支持圈裂纹； (3)对内衬板进行测厚； (4)对法兰梯形密封槽底部拐角处进行表面裂纹检查
冷换设备	(1)易发生冲蚀、气蚀的管程热流入口的管端，易发生缝隙腐蚀的壳程管板和易发生冲蚀的壳程入口； (2)容易产生坑蚀、缝隙腐蚀和应力腐蚀的靠近入口侧管板的换热管管段； (3)介质流向改变部位，如换热设备的入口处、防冲挡板、折流板处的壳体及套管换热器的 U 形弯头； (4)检查壳体应力集中部位是否有裂纹； (5)壳体接管测厚，换热管壁厚抽查； (6)采用涂层、镀层防腐的冷换设备应检查涂层、镀层破损情况及破损部位的设备本体腐蚀情况； (7)采用牺牲阳极保护的冷换设备应检查牺牲阳极的消耗情况； (8)腐蚀严重部位应采集腐蚀产物进行分析； (9)材质为碳钢或铬钼钢且工作温度小于 120℃，或者材质为奥氏体不锈钢且工作温度在 50～180℃时，根据保温层的完好情况，采取宏观检查、测厚等方法抽查保温层下腐蚀情况

续表

设备	重点检查部位
空冷器	(1)外观检查空冷管束翅片结垢和变形脱落情况，构架、风筒的腐蚀情况，叶片的裂纹； (2)管束的管外测厚(可拆去部分翅片)，必要时管内采用内窥镜、内管涡流检查； (3)入口管附近高流速区管板和管束的冲刷腐蚀，以及滞流区的垢下腐蚀； (4)空冷器出入口接管测厚

表8－13　管道的重点检查部位

部位	重点检查部位
管道	(1)受介质的湍流、气蚀、冲蚀、磨损作用严重的部位，如弯头、三通、孔板和节流阀的下游管段、进料、渣水、黑水管道等； (2)注入点、混合点管段； (3)死区、盲头部位； (4)介质容易对管道造成电化学腐蚀的部位，如酸性气冷凝的部位、气液交界部位、焊缝热影响区； (5)机泵进出口的管道应检查其疲劳裂纹与冲蚀； (6)高温异种钢管道接头部位应检查表面裂纹； (7)当碳钢或铬钼钢类管道操作温度小于120℃、奥氏体不锈钢管道操作温度在50～180℃时，应根据保温层的完好情况，采取宏观检查、测厚等方法抽查保温层下的腐蚀情况

8－30 停工腐蚀检查过程应如何管理?

腐蚀检查期间，腐蚀检查单位应编写腐蚀检查日报，对腐蚀检查情况进行总结，对发现的重点腐蚀问题应及时反馈。属地装置应对现场发现的腐蚀问题安排专人确认，形成腐蚀检查问题清单，并落实整改，对于无法在检修期间消除的设备隐患，应纳入台账管理，加强监控并择机进行处理。在停工腐蚀检查期间发现的严重腐蚀问题，应进行根源分析，必要时开展失效分析。

腐蚀检查工作结束后，检查单位应制定腐蚀检查报告。报告要真实、完整地记录现场情况，包括文字、表格、照片、单项检验报告、测厚报告、腐蚀产物分析报告、失效分析报告等。腐蚀检查报告应有综合分析和结论，对腐蚀现象、腐蚀原因、与上一次腐蚀检查情况的对比、采取的防腐措施效果评价、寿命预测等做出综合分析，并对设备更新、下周期检修项目和腐蚀监/检测策略、工艺及材料防腐蚀措施等提出建议。

装置现场检查期间，腐蚀检查人员应配齐质量合格的劳保用品，执行企业有关用电、高空作业、进入受限空间作业、安全防护、安全监护等规定，服从企业的安全指挥，接受企业的监督。设备交腐蚀检查前，企业应进行内部介质的排放、吹扫，用盲板从设备第一道法兰处切断所有液体、气体或蒸汽来源，办理设备交出检查检修和作业手续，并设置明显的隔断标志。对设备内部易燃、助燃、毒性或窒息性介质，企业应进行置换、中和、消毒、清洗，取样分析，分析结果应达到有关规范、标准的规定。停工腐蚀检查时应配备安全应急物品，装置人员应到场进行安全监护，协助检查工作。在停工腐蚀检查的整个现场作业期间，要提前建立稳定可靠的联络机制，一旦遇到紧急情况，能够迅速组织人员安全撤离现场。另外，若遭遇极端天气情况，应立即叫停停工腐蚀检查工作，确保人员与设备安全。

8-31 装置停工期间有哪些腐蚀检测方法？其有效性如何？

根据失效部位损伤类型的不同，装置停工期间常用的检测方法有目视检测、纵波超声检测、超声检测、相控阵检测、金相分析、超声导波检测等。但所有检测方法都各有利弊，仅针对特定损伤形态有效，表 8-14 列举了装置在役期间常用的检测方法及针对不同损伤形态的有效性（对于有效性的描述详见表 4-2），煤气化企业可参考选用。

表 8-14　停工期间检测方法及检验有效性

检测方法	损伤形态									
	局部减薄	均匀减薄	点蚀/孔蚀	表面裂纹	近表面裂纹	埋藏裂纹	金相组织变化	尺寸变化	隔热衬里脱落	氢鼓泡或高温氢腐蚀造成的鼓泡
目视检测	1，2，3	3，X	1，2，3	3，X	X	X	X	1，2，3	1，2，3	2，3
纵波超声检测	1，2，3	1，2，3	3，X	X	X	3，X	X	X	X	1，2
横波超声检测	X	X	X	2，3[a]	1，2，3[a]	2，3[a]	X	X	X	X
衍射时差法超声检测	X	X	2，3[a]	2，3[a]	2，3[a]	2，3[a]	X	X	X	1，2[a]
电磁超声检测	2，3	1，2，3	X	X	X	X	X	X	X	X
相控阵检测	X	X	1，2，3	1，2，3	1，2，3	1，2，3	X	X	X	1，2
射线检测	1，2，3	1，2，3	1，2，3	3，X	3，X	3，X	X	X	X	X
磁粉检测	X	X	X	1，2	3，X	X	X	X	X	X

续表

检测方法	损伤形态									
	局部减薄	均匀减薄	点蚀/孔蚀	表面裂纹	近表面裂纹	埋藏裂纹	金相组织变化	尺寸变化	隔热衬里脱落	氢鼓泡或高温氢腐蚀造成的鼓泡
渗透检测	X	X	X	1，2，3	X	X	X	X	X	X
声发射检测	3，X	X	X	2，3[b]	2，3[b]	2，3[b]	X	X	X	3，X[b]
涡流检测	2，3	2，3	1，2	1，2，3	2，3	X	X	X	X	X
漏磁检测	1，2	1，2	1，2	2，3，X	3，X	X	X	X	X	X
尺寸测量	1，2，3	1，2，3	3，X	X	X	X	X	1，2	X	X
金相分析	X	X	X	2，3	X	X	1，2	X	X	2，3[c]
硬度检测	X	X	X	X	X	X	3，X	X	X	X
超声导波检测	1，2，3	X	X	X	X	X	X	X	X	X

注：1 为高度有效，2 为中高度有效，3 为中度有效，X 为低度有效或无效。

[a] 应用时应注意扫查盲区的大小和方位。

[b] 仅对活动性缺陷。

[c] 仅对高温氢腐蚀造成的鼓泡。

8－32 煤气化装置停工腐蚀检查方案应如何制定?

与目前炼油化工装置 4～5 年停工检修一次不同，煤气化装置受煤炭进料冲刷的特殊性、烧嘴使用寿命以及工艺局限等因素影响，通常一年左右就需要停工检修。但实际情况往往是，多数煤化工企业忽视了停工腐蚀检查的重要性，仅完成既定检修任务便终止检修。这些企业既未对在役设备开展系统性检验检测，也未超越特种设备检验的常规项目要求，致使设备隐患难以及时有效地被发现。更值得注意的是，面对装置运行中出现的腐蚀泄漏问题，企业普遍缺乏系统性、前瞻性的管理措施，多采取被动的事后处置方式，最终陷入“泄漏—抢修—再泄漏”的恶性循环。

及时实施装置腐蚀检查可以有效地扭转煤化工企业面临的上述困境。煤气化装置腐蚀检查实施的重点和难点部位均是高温气化炉，其他的塔器、容器、换热器等设备的结构、检查方法均与炼油化工装置相似。不同气化工艺的气化炉结构虽有不同，但其核心结构原理是相似的，气化炉的腐蚀检查方案可参考表 8－15 所述内容实施。表 8－16 是基于德士古气化装置制定的停工腐蚀检查方案，其他气化工艺可以视具体情况参考表 8－16 执行。

表 8－15　气化炉腐蚀检查方案

序号	检测项目	技术要求及主要检测内容
1	宏观检测	检查(测)炉管有无过烧变色、鼓泡、弯曲变形、氧化腐蚀/爆皮、冲蚀积灰、积垢；检查吊挂件、导向杆、热电偶等炉内件有无变形、断裂、卡死等异常情况；检测迎火面炉管管壁的裂纹及其他冶金缺陷和炉管内壁的凹坑深度
2	炉管测厚	每根炉管检测四个截面，每个截面沿外径均分测四点
3	外径/蠕变检测	采用外径千分尺对炉管进行外径测量，每根取四个截面，配合手动超声检测，综合判断炉管缺陷，直径蠕变量应 +5%
4	焊缝相控阵检测	抽取存疑的焊缝进行检测，根据 NBT 47013.15—2021 标准，Ⅰ级为合格
5	氧化皮成像	测量氧化层厚度并记录
6	硬度检测	对炉管的母材金相处进行硬度检测，综合评估表面氧化脱碳、渗碳或淬硬程度，并预估力学性能下降幅度
7	渗透检测	直管与弯头焊缝，主要评定弯头处焊缝是否存在表面开口性缺陷
8	光谱检测	进行盘管材质检查
9	涡流检测	每根盘管母材表面、近表面裂纹进行涡流检测
10	渗碳层检测	部分母材进行渗碳层抽查检测

表 8－16　煤气化装置腐蚀检查方案

序号	腐蚀回路	设备名称	主体材质	介质	腐蚀机理	重点部位	检测方法
1	煤浆制备系统	磨煤机出料槽、煤浆槽及进出口管线	Q235B	水、煤	冲刷腐蚀	筒体内壁、焊缝、弯头、三通、盲管、调节阀后等	目视检查、涡流扫查、焊缝相控阵
2	高温气化系统	气化炉气化室	SA387 Gr. 11CL. 2	煤、合成气	冲刷腐蚀、高温硫、高温氢、高温氧化、渗碳	详见表 8－15	
3	锁斗排渣系统	锁斗	Q345R + S31603	渣水	碱式酸性水腐蚀、氯化铵腐蚀、冲刷腐蚀	焊缝、锁斗锥体、弯头、三通、盲管、调节阀后等	目视检查、涡流扫查、焊缝相控阵
		锁斗冲洗水罐及进出口管线	Q235B				
		渣池	Q245R				
4	酸性气系统	高、低压及真空分离顶部及出口管线	Q245R	酸性气	盐酸腐蚀、湿硫化氢破坏、酸式酸性水腐蚀、二氧化碳腐蚀	筒体内壁、焊缝、弯头、三通、盲管、调节阀后等	目视检查、涡流扫查、焊缝相控阵
		真空冷凝器	Q245R/ S30408			换热器管箱、管束、管板、管口、折流板	目视检查、管束涡流检测、腐蚀产物分析
		灰水加热器	Q345R/ S30408				
		除氧器顶部及出口管线	Q345R			筒体内壁、焊缝、弯头、三通、盲管、调节阀后等	目视检查、涡流扫查、焊缝相控阵

续表

序号	腐蚀回路	设备名称	主体材质	介质	腐蚀机理	重点部位	检测方法
5	黑水灰水系统	气化炉激冷室	SA387Gr.11CL.2+S31603	合成气、激冷水	氯化铵腐蚀、碱式酸性水腐蚀、冲刷腐蚀、氯化物应力腐蚀开裂、碳酸盐应力腐蚀开裂	详见表8-15	
		洗涤塔	16MnR+S31603	合成气		筒体内壁、焊缝、弯头、三通、盲管、调节阀后等	目视检查、超声测厚、涡流扫查、焊缝相控阵
		文丘里洗涤器	Q345R+S31603				
		高压闪蒸罐、真空闪蒸罐及液相进出口管线	Q345R	煤渣、酸性水			
		低压闪蒸罐	Q345R+S31603	煤渣、酸性水			
		灰水槽	Q235B	煤渣、酸性水			
		除氧器底部出口管线	Q345R	灰水			

9

腐蚀管理平台

9-1 什么是腐蚀管理平台？腐蚀管理平台有什么作用？

防腐蚀管理涉及面非常广泛，部分企业经过多年探索，虽然建设了多个与设备防腐相关的信息系统或平台，但这些平台呈碎片化，缺少实时动态查询、多维度综合分析、腐蚀状态量化评估与智能预警监控等功能，尚未形成标准化的管理流程体系。面对出现的腐蚀问题，技术支撑作用不理想。

随着大数据、云计算、人工智能、5G及智能机器人等新技术的发展，腐蚀防护技术与信息技术深度融合趋势进一步加快，企业防腐蚀管理与智能控制功能日渐丰富，在腐蚀监/检测数据管理功能基础上，深化腐蚀模型及预测功能，全面接入设备状态监测数据，集成专家系统和腐蚀智能控制等新功能，建设数据共享、功能强大的统一防腐蚀管理与控制平台已经成为行业发展趋势，必将逐步成为设备专业技术人员的日常工作平台和“操作系统”。

9-2 腐蚀管理平台控制目标是什么？

腐蚀管理平台集成现有腐蚀监测、检测、管理、决策的相关系统信息，为腐蚀工程师日常工作提供技术支撑，其数据来源于分布式控制系统(Distributed Control System，DCS)、企业资源计划(Enterprise Resource Planming，ERP)、制造执行系统(Manufacturing Execution System，MES)、实验室信息管理系统(Laboratory Information Management System，LIMS)、实时数据库、腐蚀在线监测、腐蚀在线测厚等系统。腐蚀管理平台的目标是：

(1)集成与防腐相关的工艺、设备、化验、监/检测数据，建立一体化数据平台，消除信息孤岛，便于查询和分析设备及管道基本信息和防腐数据，为防腐蚀管理工作提供数据支持。

(2)通过设定阈值和开发腐蚀预测模型进行数据二次加工处理，实现腐蚀风险动态评估并提供及时预警。

(3)通过腐蚀风险报警、防腐月报、监测计划等功能，为腐蚀控制、监/检测及检维修决策提供依据，实现防腐闭环管理。

(4)提供失效分析、腐蚀检查等各类腐蚀文档管理功能，持续积累防腐数据，从而不断完善管理体系，同时也为设备完整性管理提供技术支撑。

9-3 腐蚀管理平台应该如何搭建？

装置腐蚀管理平台的整体架构如图9-1所示，装置腐蚀管理平台架构由数据采集、数据转发、业务分析、展示及触达、决策建议组成，可以提供设备状态数据感知、防腐专业应用、用户界面与交互功能。其中数据采集主要包括各种腐蚀监/检测系统、外部工艺参数、资料文档、设备台账及主数据、与其他数据系统的交互等。业务分析的主要功能是协助防腐蚀专业技术人员开展各类技术工作，包括装置工艺防腐、腐蚀控制文档、风险管控、完整性操作窗口、腐蚀分析与处理、基于风险的检验策略等。展示及触达主要是用户界面，通过图形化界面、移动App等与用户互动。决策建议部分是将现有的数据经过有效分析并结合过往同类型装置的失效案例，提出有针对性的腐蚀防控方案，这既是腐蚀管理平台的核心资源，也是作为AI应用及部署的基础数据资源池。

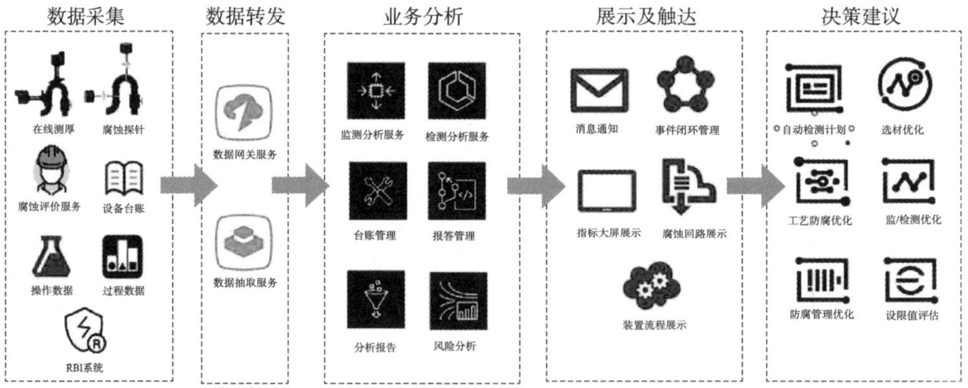

图9-1 腐蚀管理平台系统架构

按照体系化管理的思路，腐蚀管理平台遵循 PDCA 循环闭环管理。结合装置的设备、操作、工艺、检验、监控等状态数据，通过动态 RBI 评估，制订工艺防腐计划，并评价装置的腐蚀风险分布，对设备隐患、缺陷、风险进行分级分类管理和处置，制定检维修策略，并通过装置大检查、停工检修等，考核和评价防腐蚀工作成效。

9-4 腐蚀管理平台应该包括哪些模块？

装置腐蚀管理平台可按图 9-2 所示设置功能模块，共有 11 个大功能模块，52 个专项信息化功能，其主要围绕设备腐蚀监/检测、工艺防腐、防腐计算、腐蚀分析评价、腐蚀资料管理等实际问题逐一开展设计与开发。具有防腐数据集成、可视化、自动报警、自动分析、自动调整等特点，逐步实现腐蚀防控的全流程化、信息化、数字化、智能化。

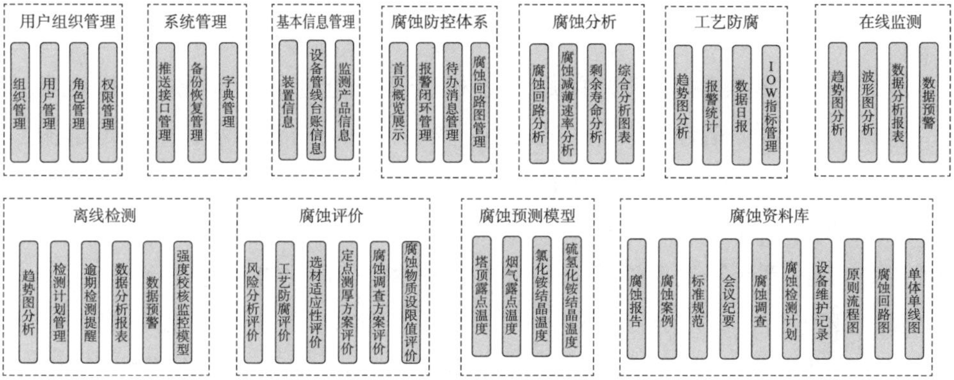

图 9-2　腐蚀管理平台功能模块

9-5 腐蚀管理平台的业务逻辑是什么？

图 9-3 显示了腐蚀管理平台的业务逻辑。针对具体装置，从原料性质监控出发，获取工艺操作参数、设备和管线选材、腐蚀监/检测、循环水监测与管理等相关数据，结合国内外相关标准规范和最佳实践、腐蚀预测模型、企业工艺卡片、设防值和专家经验等，形成腐蚀风险回路图、工艺防腐和材质升级方案；确定装置防腐策略，优化腐蚀监/检测工作；评价装置腐蚀现状，确定装置腐蚀风险分布；进而实现装置腐蚀风险的管控。

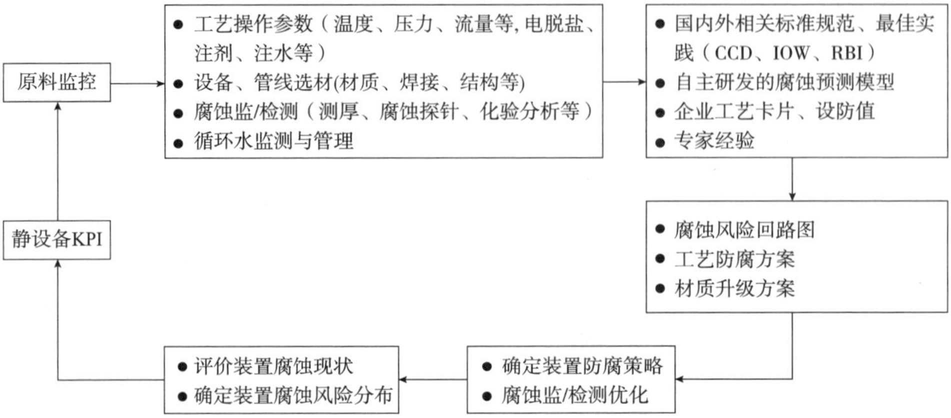

图 9－3　腐蚀管理平台业务逻辑

9－6 如何依托腐蚀管理平台实现监测数据的分析与评价？

传统方式对于腐蚀监/检测问题的分析通常是通过装置出现的腐蚀现象(减薄、泄漏、失效等)结合腐蚀部位的工况(温度、压力、流速等)及介质(氯化物、硫化物、介质化验分析数据)变化情况进行综合分析。但现实情况通常是，上述三个维度的数据来源往往不同，工况变化需要借助 DCS 或 MES 系统、介质变化需要借助 LIMS 系统，而腐蚀状况又需要借助独立的腐蚀在线监测系统。

腐蚀管理平台可以系统地将上述几个孤立的数据库有机整合在一起，当目的部位出现腐蚀减薄情况时，可以直观地查看与其相关的工况、介质的变化情况，进而更好地实现对监测数据的分析与评估。

10

腐蚀案例

10－1 德士古气化装置锁斗泄压管线腐蚀减薄案例分析

锁斗是气化工艺中物料加压输送的核心设备，其作用是通过分阶段的加压、泄压周而复始地完成物料的接收和排放，从而实现将沉降在激冷室底部的渣及少量没有燃烧的炭通过破渣机排出气化炉的目的。锁斗系统设置顺控程序保证气化炉激冷室内的粗渣按一定步骤安全、顺利地排入渣池。某煤气化装置采用 Texaco 水煤浆气化工艺，其锁斗系统流程见图 10－1。

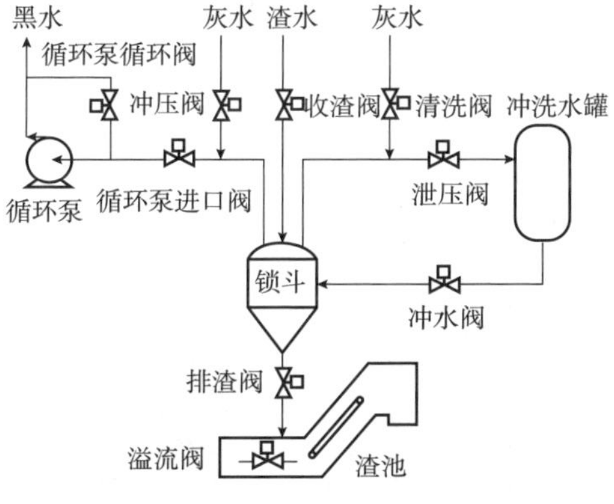

图 10－1 Texaco 煤气化锁斗流程

锁斗泄压线是通过控制泄压阀的启闭实现将锁斗从高压向低压工况转换的，泄压阀的开启也是新一次顺控程序开始的标志，因此该段管线在工艺流程中具有举足轻重的地位，同时由于该段管线反复经历压力释放，极易造成冲刷损伤，一旦出现泄漏将可能导致高压系统物料窜至低压系统，其后果不堪设想，因此是装置腐蚀防护的重点部位，该段泄压线基本工况见表 10－1。

表 10－1 锁斗泄压线基本工况

管线规格	主体材质	介质	操作温度/℃	操作压力/MPa
*DN*150×9	A106 Gr. B	黑水	80～150	6.5

为确认管线腐蚀情况，在锁斗泄压管线上选取16处点位采用脉冲涡流扫查技术进行测厚，这些点位基本涵盖了整段泄压管线，泄压管线走向及检测部位情况见图10－2。通过脉冲涡流检测发现该管线单线图16#直管位置整体减薄，直管北侧焊缝向上250mm，北侧至西侧长约180mm区域减薄较重，该区域的测厚值为3.4～8.6mm，最大减薄约62.2%，其余部位未见明显异常。16#直管位置脉冲涡流扫查图谱及现场测厚情况见图10－3。

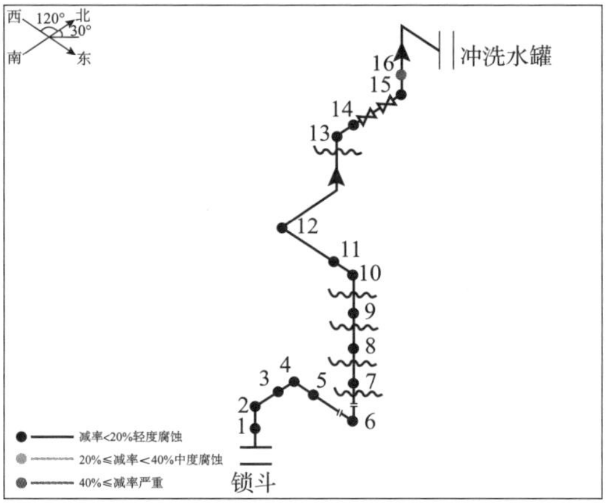

图 10－2 锁斗泄压线测点示意图

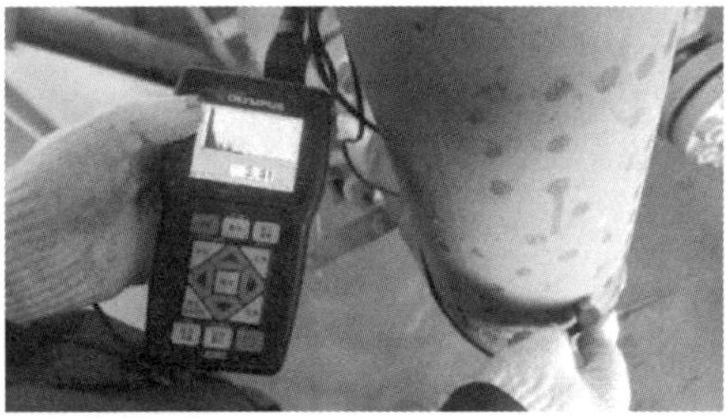

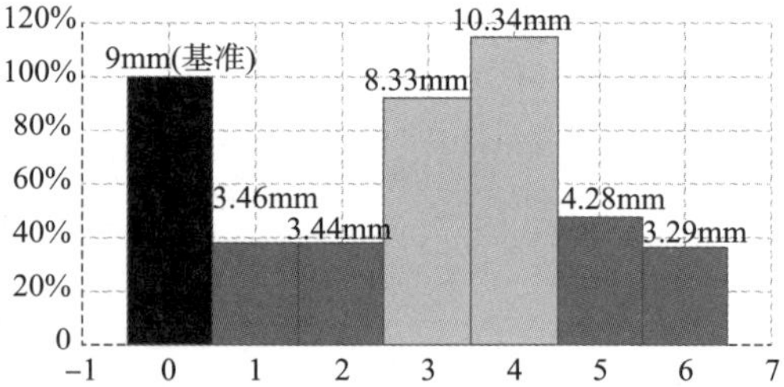

图 10－3 16#直管测点现场检测情况

锁斗是一个定期收集和排放固体渣的水封体系。集渣和排渣均遵照锁斗循环逻辑，并按一定时序完成。在收渣阶段，激冷室底部的渣水经破渣机、锁斗安全阀、收渣阀进入锁斗，锁斗循环泵从锁斗顶部抽取相对洁净的水送回激冷室底部以帮助排渣。从渣水处理系统来的灰水由低压灰水泵加压至0.8MPa后送入锁斗冲洗水罐，作为锁斗的冲洗水。锁斗内介质为气化炉激冷室自压排入的黑水，其成分中既有未完全反应的水煤浆也有反应生成的酸性气溶于水形成的酸，因此存在较为严重的冲刷腐蚀、酸性水腐蚀及氯化铵腐蚀。锁斗一次收渣时间为30min，即锁斗每30min就会进行一次泄压操作，管线内固液两相不断地冲刷、磨损，加之酸性水的存在使管线内壁FeS保护膜不断地被剥离，使得该部位成为重点腐蚀区域。

在设计上，为防止泄压过程中释放出来的气体夹带的固体颗粒堵塞、冲刷管道，该段管道应采用垂直或倾斜设计，同时配管也必须做足够的加固处理，以承受水力冲击。在锁斗泄压阀前加装限流孔板，泄压阀打开前，阀门前后压差高达6.5MPa；在打开的瞬间，锁斗压力为常压。泄压过快造成渣水流速过快，并有少量汽化。高压差及三相流体的快速冲刷，造成开车初期该阀故障率极高。在操作上，适当延长锁斗收渣时间，减少系统泄压频次，1个检修周期内(约4000h)泄压阀开、关各约8000次，若将锁斗收渣时间由30min延长至40min，泄压阀就会少动作2000次，可有效降低管线冲刷腐蚀故障率，同时降低灰水温度，提高灰水质量。[21]锁斗系统的冲洗水是由系统内澄清的灰水提供的，灰水的悬浮物含量高、硬度高、温度高，易造成泄压管线内表面结垢，因此灰水温度和水质需要控制好。另外，锁斗泄压线及泄压阀的检修周期要与气化炉同步，不能因为使用过程中没有出现问题而忽视检修。

10-2 德士古气化装置锁斗腐蚀减薄案例分析

腐蚀现象：锁斗是用于隔离高压和低压系统的设备，由接管法兰、衬筒、锥体、筒体、椭圆封头及连接组件组成。其主要作用是将气化炉燃尽的煤灰冷却，粉碎处理后排出，是一部连续运转的设备。锁斗下部呈锥形，通过下阀连接锁斗底部短接实现间断排渣。气化炉中剩余的煤渣经破渣机研磨后依次通过破渣机本体短接、底部短接、下部短接及锁斗上部短接后送至锁斗，锁斗运行的基本工况见表10-2。

表10-2 锁斗基本情况表

管线材质	管径/mm	设计厚度/mm	服役温度/℃	服役压力/MPa	内部介质
Q345+堆焊不锈钢	2300	95+6	277	7.44	渣水(含水煤气、CO)

对某德士古煤气化装置锁斗系统进行大面积壁厚扫查，发现锁斗下端锥段设

备本体壁厚均减薄严重，部分点位壁厚减薄超过40%，装置运行存在严重的腐蚀情况，且锁斗腐蚀减薄率由上至下增大，最大值均出现在锁斗变径截面处(即图10-4中的4号点位)，通过变径位置后腐蚀减薄率逐步增大。而在锁斗的上游部位(即破渣机本体短接、底部短接等位置)未出现明显的腐蚀减薄情况，减薄率普遍在5%以下。

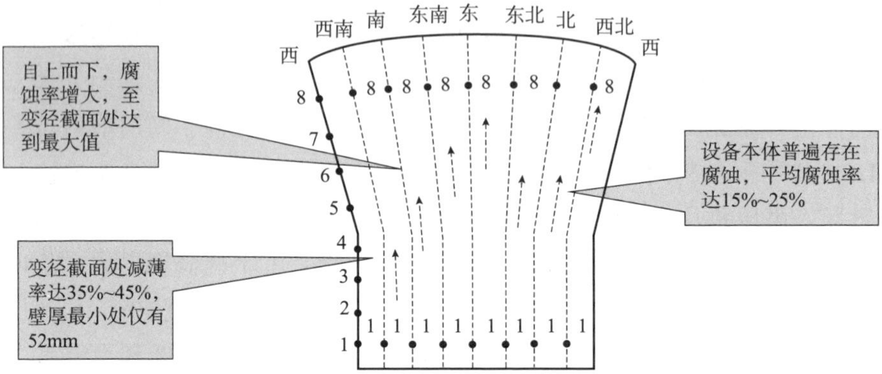

图10-4　锁斗本体测厚示意图

锁斗内介质为破渣机出口的废渣，渣的粒度不一，大部分为小米大小粉粒，也存在一定量黄豆大小、玻璃弹珠大小的颗粒，详见图10-5。

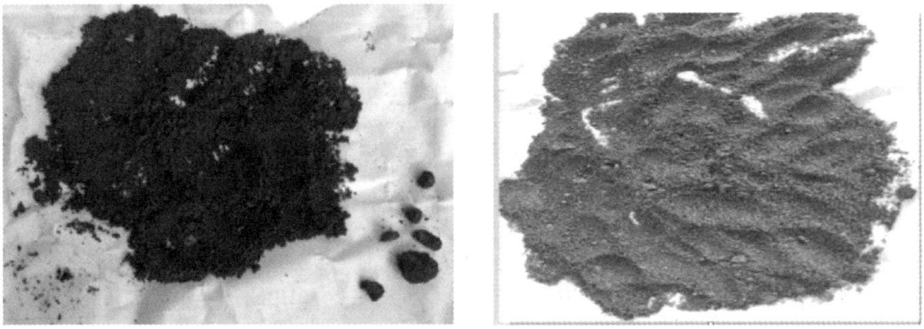

图10-5　锁斗内介质形貌

锁斗内部白色堆焊层消耗殆尽，仅在锁斗上部还残留少许堆焊层。锁斗内部四周均出现明显沟壑，沟壑自上而下连接成片，锁斗外部形貌正常，无明显腐蚀情况，详见图10-6。

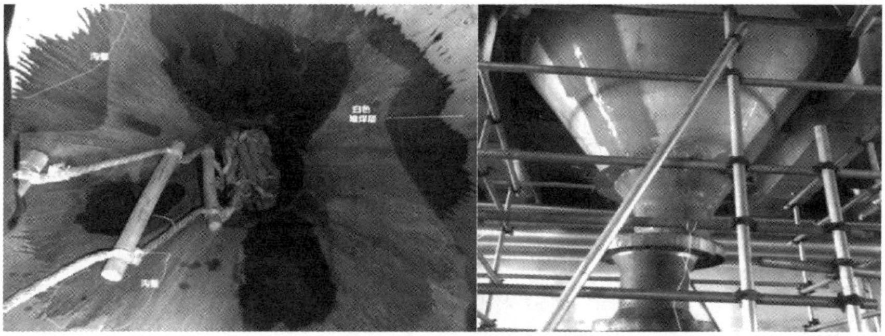

图 10－6　锁斗本体内外部腐蚀形貌

原因分析：该处锁斗位置存在的腐蚀类型主要为冲刷腐蚀，同时还存在碱式酸性水腐蚀。冲刷腐蚀是由于材料表面之间的相对运动或与固体、液体、水滴或其他任何化合物的碰撞导致的表面材料的加速机械脱除，同时由于冲刷去除了保护性膜或垢而造成腐蚀，或通过冲刷腐蚀将金属表面暴露而造成进一步的腐蚀。特别是当锁斗循环水流量增大时，管线内部黑水中所含的固体颗粒粒度会随之增大，较大的流速使这些颗粒具有较大的能量，从而加重了固体颗粒和管道内壁表面的冲击和摩擦，冲蚀速率大大提高。该部位由于长时间经历不规则形状煤渣的冲刷，因此形成由上至下的沟壑状腐蚀，且在锁斗变径截面位置处腐蚀情况最为严重。同时煤气化反应会生成硫化氢、二氧化碳、氨气等气体，部分气体会随着煤渣进入锁斗系统，形成碱式酸性水的腐蚀环境，同时伴随着冲刷腐蚀。因此锁斗设备本体及下部短接的腐蚀情况要比破渣机和锁斗之间短接的腐蚀情况严重。

防控建议：建议加强对锁斗系统相关的管线及设备进行脉冲涡流扫查，检测频次应不低于每月 1 次。对于三通、变径、弯头等流速变化较大或易形成湍流的部位建议增设在线监测系统进行实时监控，及时发现可能存在的腐蚀风险，并对强度不足的部位进行补强；建议重新审视锁斗循环水量，循环水的作用是辅助排渣，水量越大，越有利于将沉积在激冷室内壁的灰渣带至锁斗，但锁斗循环水流量增大，会导致循环水流速加快、系统内固体颗粒粒度增大，尤其在锁斗收渣阶段后期，锁斗循环水中固体颗粒含量急剧增加，使冲刷腐蚀加剧；建议可以尝试缩短锁斗收渣时间，避免收渣后期锁斗循环水固体含量剧增。同时避免气化炉超负荷运行，以降低固体渣数量；建议监控装置“三水”系统 pH 值，当 pH 值较低时可适当降低气化炉负荷，以降低装置腐蚀风险；建议检修期间恢复设备内部堆焊层，在结构上尽量减缓固体颗粒对设备或管道的磨损，以延长设备使用寿命；建议在更换减薄部位时，对原部位进行解剖、采样，确认腐蚀减薄机理。

10-3 德士古气化装置黑水闪蒸系统水冷器腐蚀案例分析

腐蚀现象：黑水闪蒸系统是黑水在负压作用下将 CO、CO_2、H_2S 等酸性气体释放的过程，酸性气经冷却后进行气液分离。解吸后的黑水经沉降过滤后送入污水处理系统循环使用。某德士古气化装置酸性气水冷器运行效率逐渐下降，停工拆开后发现换热器内部结垢严重，如图 10-7 所示。

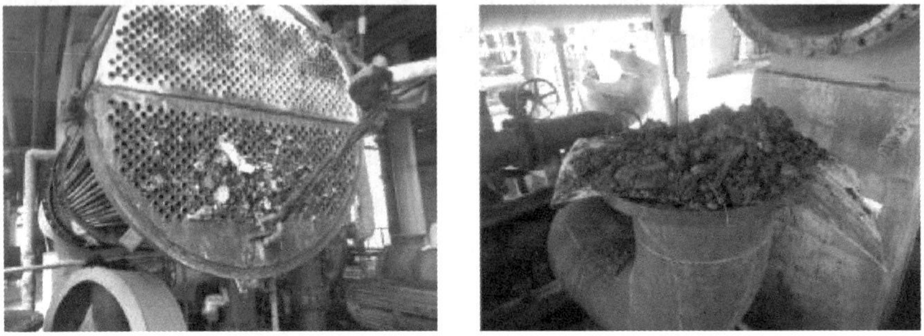

图 10-7　水冷器内部结垢情况

原因分析：闪蒸气中解吸出的 CO_2和 H_2S 酸性气体溶于水造成系统 pH 值小于 7，形成酸性水腐蚀。腐蚀发生后，生成的 Fe^{2+} 随水流走，金属表面没有沉积的腐蚀产物，设备的金属表面不断变薄。另外由于开停车过程中工况不稳定，经常造成真空闪蒸罐满罐，换热器壳程积水，含有酸性物质的黑水对碳钢金属表面造成腐蚀。从检修解体的冷却器换热管上也可观察出明显的腐蚀痕迹。循环水中含有一定量的 Cl^-、O_2等会与设备形成原电池，水中含氧浓度越高腐蚀越严重。循环水中铁细菌、硫细菌等微生物能加速电化学腐蚀。铁细菌将 Fe^{2+} 氧化成 Fe^{3+}，硫酸盐还原菌消耗 H_2。以上产物多数沉积于金属设备的内表面，形成了宏观上的腐蚀产物，呈现大小不等的鼓泡，清除掉腐蚀产物后，金属表面呈现大小不等的凹坑，有的呈现点状蚀坑，有的呈溃疡状蚀坑，严重者出现穿孔泄漏。

防控方案：定期开大换热器进出口阀门，加大循环水流速，将水冷器管束流速控制在≥1m/s，避免黏泥沉积附着在管束中而造成垢下腐蚀；对换热器管板和管束涂刷防腐涂层，涂层可以隔绝氧气和其他腐蚀因子与设备接触，从而有效避免腐蚀的发生。随着水冷器防腐蚀涂层涂装工艺日渐成熟，涂装质量基本能够保证工艺要求。碳钢水冷器经过涂层处理后，一般能够延长设备使用寿命 1~4 倍；进行管束的材质升级，选用能够抵抗电化学腐蚀的金属，如 304 管束，由于不锈钢耐酸，所以能够有效地避免酸腐蚀，不锈钢表面有一层钝化膜，在控制 Cl^- 浓度的情况下也能有效减缓电化学腐蚀的发生；控制循环水质，微生物的数量直接影响到电化学腐蚀的速率，应该在保证水质的情况下，再控制药剂费用；阴极保护措施是根据电化学腐蚀发生的原理，人为设置一个阳极来对碳钢设备进行保护，阳极材质一般选用镁电极。采用阴极保护和涂料防护的联合保护可以花费较少费用并有效地延长设备使用寿命。[22]

10－4 壳牌气化装置粗合成气管线腐蚀案例分析

某壳牌煤气化装置湿洗塔顶合成气外送管线堆焊无缝弯头和直管段连接焊缝处开裂泄漏，该管线材质为 20 + Inconel825，壁厚(12 + 3)mm，操作温度为170℃，操作压力为4.0MPa。对开裂部位进行失效分析发现：

(1)宏观观察可见，泄漏部位位于对接焊缝熔合线区域，外表面表现为裂纹泄漏，内表面焊缝区域存在明显的腐蚀凹槽，而焊缝两侧 825 复合层光滑平整，没有腐蚀现象。内表面对接焊缝存在错边现象，中间泄漏处错边量达到 3～4mm。

(2)化学成分分析表明，该管线 20 钢基材、内壁 825 复合层、ENiCrMo－3 盖面焊缝的化学成分均符合标准要求，而 ERNiCrMo－3 打底焊缝主要元素含量均与ERNiCrMo－3 焊丝成分相差很大，尤其是 Cr 含量只有 3.64%(要求为20.0%～23.0%)、Ni 含量为 39.42%(要求大于 58%)、Fe 含量则大于 54%(要求不大于5%)，这些均会导致 ERNiCrMo－3 打底焊缝的耐蚀性下降。

(3)硬度测试结果表明，管内、外壁、焊缝内、外侧的硬度符合标准要求。

(4)金相分析表明，管线内壁(825 复合层)的金相组织为奥氏体组织，晶粒度为 8～9 级，符合要求；管线外壁(20 钢)的金相组织为铁素体＋条带状珠光体组织，晶粒度为 9～10 级，为 20 钢轧制态组织；焊缝外侧(ENiCrMo－3)的金相组织为枝晶状奥氏体组织，晶粒度为 9～10 级，符合要求；焊缝内侧(ERNiCrMo－3)的金相组织为枝晶状奥氏体组织，但局部存在针状马氏体＋铁素体＋珠光体组织，不符合 ERNiCrMo－3 焊缝组织要求。

(5)内壁焊缝电镜扫描结果表明，焊缝表面被腐蚀产物覆盖，高倍数下可观察到沿晶选择性腐蚀特征，腐蚀产物主要为硫化物和氧化物，其中硫元素检测值为 8.18%～17.96%。因此结合管内介质组成，推测腐蚀主要由 H_2CO_3、H_2S、NH_4HS 等物质造成。

综合上述检测分析结果可以看出，正是由于 ERNiCrMo－3 打底焊缝的化学成分、组织和硬度严重超标，导致其耐蚀性能下降，在装置运行过程中受

H_2CO_3、H_2S、NH_4HS 等腐蚀性介质的作用首先发生腐蚀；当打底焊缝完全腐蚀后，20 钢基材开始发生较快腐蚀；随着 20 钢基材逐渐减薄，当其剩余厚度不足以承受内压和管系应力的作用时，产生撕裂而泄漏。

而 ERNiCrMo－3 打底焊缝化学成分、组织和硬度严重超标的主要原因是该区域管线对接焊缝存在较大的错边现象，中间泄漏处错边量达到 3～4mm，局部错边量已大于管线内壁 825 复合层厚度。如图 10－8 所示，当错边量过大时，在焊接过程中，20 钢基材成分将大量熔入内侧打底焊缝中，造成焊缝组织发生变化，耐蚀性也随之急剧下降。其次是焊接操作不当，如焊接电流过大，焊速过慢，均会导致打底焊缝中熔入较大含量的 20 钢基材，也可能是焊缝成分组织发生变化的次要原因。

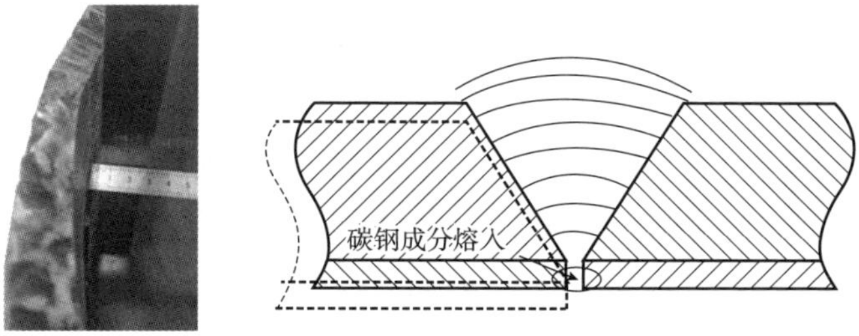

图 10－8　错边导致打底焊缝成分组织变化示意图

防控建议：控制碳钢管道内介质的流速，建议保持在 3～6m/s 范围内，避免 NH_4HS 对管道造成腐蚀。鉴于腐蚀生成了大量铁的硫化物，依据 NH_4HS 浓度，当流速超过 8m/s 时，使用耐腐蚀材料，结合费用和制造周期，将管道材质升级为 304L＋Inconel825。根据以往水煤浆气化装置工程设计经验，为防止此段管道内因温度降低析出部分凝液，出现湿 H_2S 腐蚀管道的现象，在设计阶段均考虑在该段管道上增设伴热设施，以减少管道的热量损失，保证该段管道不会因凝液析出发生腐蚀。可以采取技改的方式提高洗涤塔出口合成气的温度，使其达到 200℃，能够有效降低露点腐蚀；优化 ERNiCrMo－3 打底焊缝焊接操作，如采用小电流焊接，适当提高焊速，防止打底焊缝中熔入较大含量的 20 钢基材，同时建议对同类管线焊缝进行 RT 或 UT 检测，查找严重错边和腐蚀隐患并消除。

参考文献

[1]刘勇，许祥静．煤气化生产技术[M]．北京：化学工业出版社，2022.

[2]申峻．煤化工工艺学[M]．北京：化学工业出版社，2020.

[3]程奇兵．“双碳”背景下我国煤气化技术发展与展望[J]．浙江化工，2023，54(7)：38－44.

[4]辽宁省安全科学研究院．特种设备基础知识[M]．沈阳：辽宁大学出版社，2017.

[5]刘小辉．设备腐蚀与防护技术问答[M]．北京：中国石化出版社，2014.

[6]王百森，钱广华，郭庆云，等．炼化静设备基础知识技术问答[M]．北京：中国石化出版社，2014.

[7]国家市场监督管理总局．承压设备损伤模式识别：GB/T 30579—2022[S]．北京：中国标准出版社，2022.

[8]李辉，刘希武，邹洋，等．碳一化学中新型煤化工装置腐蚀状况分析[J]．天然气化工(C1化学与化工)，2020，45(6)：118－123.

[9]杜延年，张志国，包振宇，等．煤气化过程中的高温氯化腐蚀与防护研究[J]．化肥设计，2022，60(6)：7－12，24.

[10]国家市场监督管理总局．承压设备系统基于风险的检验实施导则　第1部分：基本要求和实施程序：GB/T 26610.1—2022[S]．北京：中国标准出版社，2022.

[11]国家市场监督管理总局．承压设备系统基于风险的检验实施导则　第2部分：基于风险的检验策略：GB/T 26610.2—2022[S]．北京：中国标准出版社，2022.

[12]国家市场监督管理总局．承压设备系统基于风险的检验实施导则　第4部分：失效可能性定量分析方法：GB/T 26610.4—2022[S]．北京：中国标准出版社，2022.

[13]韦新芳，陈卫岗．德士古气化炉烧嘴长周期运行的方法[J]．化工管理，2021，(13)：144－145.

[14]李振家．多喷嘴对置式水煤浆加压气化炉工艺烧嘴运行问题及优化改造[J]．中氮肥，2025，(1)：14－17＋56.

[15]Veritas D N. Recommended practice RP O501 erosive wear in piping systems[J]. DNV Recommended Practice, 2007, 4(2): 1－43.

[16]国家市场监督管理总局．承压设备系统基于风险的检验实施导则　第5部分：失效后果定量分析方法：GB/T 26610.5—2022[S]．北京：中国标准出版社，2022.

[17]天华化工机械及自动化研究设计院．腐蚀与防护手册[M]．北京：化学工业出版社，2009.

[18]牛飞龙，孙晓伟，刘斌．煤气化装置关键设备腐蚀预测与选材[J]．石油化工设备，2019，48(1)：77－82.
[19]范瑞成，张玮琦，王永旺，等．耐盐酸腐蚀的金属材料[J]．中国锰业，2017，35(4)：97－100.
[20]张猛，李晓炜，王宁，等．化工用耐浓盐酸腐蚀金属材料[J]．石油化工腐蚀与防护，2024，41(4)：29－35.
[21]李辉．GE 水煤浆气化炉锁斗系统常见问题分析[J]．小氮肥，2016，44(6)：17－19.
[22]王金辉．煤气化装置水冷器腐蚀分析及对策[J]．氮肥与合成气，2021，49(1)：38－40＋43.